초등수학 레벨 테스트

5학년

이윤원

카이스트 전기·전자공학부를 졸업하고, 카이스트 대학원과 서울대학교 대학원에 합격했지만 과감히 입학을 포기하고 공부를 하며 느꼈던 공부의 원리와 즐거움을 아이들에게 전해 주고 싶어 교육 분야에 뛰어들었다. 현재는 학원 원장으로 수업을 하면서 수학 학습 분야의 책을 쓰고, 전국의 많은 학교에 강연을 다니고 있다. 20년이 넘는 시간 동안 초등학생부터 고등학생, 최하위권부터 최상위권에 이르기까지 다양한 학생을 만나면서 데이터베이스가 쌓였다. 이제는 학생이 공부하는 모습만 봐도 학교 시험 성적과 미래의 수능 등급이 뻔히 예측이 될 정도이다. 지은 책으로는 청소년수학소설『수학특성화중학교』시리즈와 수학공부법을 알려 주는 『최상위권 수학머리 만들기』, 친절한 수능 분석서『읽기만 해도 최소 수능 2등급이라니!』가 있다.

이세영

성신여자대학교 수리통계데이터사이언스 학부에 재학 중이며 통계학 전공 대학원에 입학할 예정이다. 이윤원 선생님의 제자이며 과외를 통해 초등학생들을 가르친 경험으로 해당 문제집을 집필하였다. 이윤원 선생님에게 받은 가르침을 바탕으로 하위권, 상위권 학생 각각에게 맞는 수업 방식을 제시하고 지도하면서 학생들이 수학 공부를 즐기도록 노력하고 있다.

초등수학 레벨 테스트 5학년

초판 1쇄 발행 2024년 1월 3일
초판 2쇄 발행 2024년 3월 19일

지은이 이윤원·이세영

발행인 장상진
발행처 경향미디어
등록번호 제313-2002-477호
등록일자 2002년 1월 31일

주소 서울시 영등포구 양평동 2가 37-1번지 동아프라임밸리 507-508호
전화 1644-5613 | **팩스** 02) 304-5613

ISBN 978-89-6518-344-0 63410

• 값은 표지에 있습니다.
• 파본은 구입하신 서점에서 바꿔드립니다.

1. **제품명** : 초등수학 레벨 테스트 5학년 2. **제조자명** : 경향미디어
3. **주소** : 서울시 영등포구 양평동 2가 37-1번지 동아프라임밸리 507호
4. **전화번호** : 1644-5613 5. **제조국** : 대한민국
6. **사용연령** : 8세 이상 7. **제조연월** : 2024년 1월
8. **취급상 주의사항**
   - 종이에 베이거나 긁히지 않도록 조심하세요
   - 책 모서리가 날카로우니 던지거나 떨어뜨리지 마세요.

초등수학 점수는 진짜 실력이 아니다

초등수학 레벨 테스트

5학년

이윤원·이세영 지음

경향미디어

초등생 자녀의
진짜 수학 실력을 알고 있나요?

초등학교에서 치르는 시험은 매우 쉽습니다. 기본 문제집만 풀 수 있으면 대부분 90~100점을 받습니다. 그래서 아이가 수학을 잘하고 있다고 생각합니다. 그랬던 아이가 중등수학을 시작하면서 갑자기 많이 어려워하고, 성적도 뚝 떨어집니다. 그러다가 고등학교에 입학하면 30점, 40점밖에 못 받는 처참한 현실을 맞닥뜨리게 됩니다.

이런 상황을 정말 수도 없이 많이 봤습니다. 믿고 싶지 않겠지만 바로 내 아이의 미래일 가능성도 큽니다. 대체 왜 그런 것일까요? 단지 중·고등 수학이 급격히 어려워져서일까요? 아닙니다! 초등학교 때 수학을 잘했던 아이는 중·고등학교 수학도 역시 잘합니다. 사실 그 아이는 원래 수학을 못한 아이입니다. 그냥 자기 실력에 맞는 점수를 받은 것입니다.

내 아이는 심화 문제집도 거뜬히 풀고 있으니 아닐 것이라고요? 제 경험에 따르면 초등 기간 내내 『디딤돌 최상위수학』까지 푼 아이들이 중학교 시험에서 80점, 90점도 못 받더니, 결국 고등학교에서는 평균을 못 넘기기도 했습니다. 그 아이들은 그동안 선생님의 설명을 듣고, 답안지의 해설을 읽고 단순히 따라 풀었던 것입니다. 그러면서 자기도 모르게 자신이 풀 수 있다고 생각했고, 부모님도 속게 된 것입니다.

쉬운 초등학교 시험과 풀고 있는 문제집은 절대로 객관적인 수학 실력을 판단하는 기준이 될 수 없습니다. 대부분의 초등 부모님이 갖고 있는 '내 아이는 수학을 잘해!'라는 착각에서 벗어나야 합니다. 진짜 수학을 잘한다는 것은 성적으로 줄 세우기 위해 어렵게 출제되는 중·고등학교 시험을 잘 볼 수 있는 실력을 갖추는 것입니다.

그러기 위해서는 먼저 내 아이의 진정한 실력을 정확히 파악해야 합니다. 지금 내 아이가 중학교, 고등학교에 가서도 수학을 잘할 수 있게 공부하고 있는지를 알아야 합니다. 초등 시험에서 항상 90점 이상을 받아 온다고 눈이 흐려지면 안 됩니다. 내 아이가 수학을 잘한다는 착각에 빠져 실력이 맞지 않는 상위권 학원에 보내고, 좌절감만 주는 심화 문제집을 푼다면 오히려 심각한 역효과를 낼 뿐입니다. 아이의 수준을 정확하게 파악해야 알맞은 공부 계획을 세우고 진짜 수학 실력을 제대로 높일 수 있습니다.

그렇다면 어떻게 초등 아이의 객관적인 수학 실력을 파악할 수 있을까요? 솔직히 수학 전문가가 아닌 이상 옆에서 지켜보는 것만으로는 판단하기 어렵습니다. 그래서 대형 수학 학원의 레벨 테스트 투어를 다니는 부모님들이 있습니다. 하지만 일일이 전화해서 예약해야 하고, 시간을 맞춰서 찾아가야 하고, 비용도 1~5만 원 정도 들기도 합니다. 아이의 학습 태도와 성취도는 계속해서 변화합니다. 그래서 주기적으로 평가하면서 관찰해야 하는데 이렇게 번거로운 과정을 과연 몇 번이나 할 수 있을까요?

시험이라는 단어가 주는 중압감과 딱딱한 분위기에 아이들은 100% 실력 발휘를 못하기도 합니다. 또한 학원별로 문제 난이도가 천차만별인데 시험지는 공개하지도 않습니다. 아쉬운 결과를 말했을 때 부모님들이 기분 나빠하기도 하고, 학원에 보내기 위해 듣기 좋은 말로 안심시키기도 합니다. 이런 수학 학원의 레벨 테스트 결과가 얼마나 객관적일까요? 과연 신뢰할 수 있을까요?

그래서 초등학생 자녀를 둔 부모님들을 위해 이 책을 쓰기 시작했습니다. 이제 이 책을 통해 집에서 내 아이의 진정한 수학 실력을 정확하게 파악하고 점검하세요.

이 책의 특징과 장점은 다음과 같습니다.

❶ 초등 5학년 단원별 단원 평가와 학기말 평가를 수록했습니다. 각 단원, 학기가 끝날 때마다 주기적으로 평가하면서 중학교 입학 전까지 꾸준히 아이의 성취도 변화를 점검표에 기록하면서 관찰할 수 있습니다.

❷ 각 평가는 개념(●) 6문제, 응용(●●) 6문제, 고난도(●●●) 5문제, 최고난도(●●●●) 3문제 해서 총 20문제로 구성했습니다. 단원별로, 난이도별로 결과를 분석할 수 있고 부족한 부분을 발견하여 공부 계획을 세우는 데 도움을 줍니다.

❸ 각 평가의 점수를 통해 현재 실력으로 고등학교에 진학하면 몇 등급을 받을 수 있을지 예상해 놓았습니다. 20년이 넘게 아이들을 가르치면서 정해진 시간 안에 이 정도 수준의 문제를 풀었을 때 고등학교에서는 몇 등급을 받았는지 제 경험을 통해 예측한 것이니 참고하기 바랍니다.

❹ 각 평가의 점수를 통해 객관적인 아이의 학습 수준과 문제해결력을 파악할 수 있습니다. 현재 실력이 어느 수준인지 분석하여 아이에게 알맞은 학습 목표와 문제집을 추천합니다.

❺ 평가 시간은 45분으로 정해진 시간 내에 실수하지 않고 시험을 잘 보는 연습을 할 수 있습니다. 학년이 올라갈수록 제한 시간의 압박 때문에 평소 실력을 발휘하지 못하고 시험을 망치는 경우가 많은데 실제 시험을 치르듯이 미리 충분한 연습을 할 수 있습니다.

❻ 교과 연계성이 높은 고난도 문제를 엄선 수록하여 문제해결력을 정확히 점검하고 강화할 수 있습니다. 선행 학습이 필요 없는, 깊이 생각해서 풀 수 있는 심화 문제를 풀어 봄으로써 사고력을 길러 줍니다.

❼ 해설은 이해하기 쉽도록 친절하게 풀어서 설명하여 틀린 문제를 꼼꼼히 복습할 수 있습니다. 어떤 과정을 거쳐 정답에 접근하는지 사고의 흐름과 풀이 방향을 제공합니다.

❽ 낯선 학원의 어색한 분위기에서 시험을 치르는 것이 아니라 편안하고 익숙한 공간에서 시험을 치를 수 있습니다. 새로운 환경에 적응하지 못해 긴장하고 평가에 집중하지 못하는 상황을 방지해 결과의 신뢰도를 높입니다.

❾ 평가 후에 기다리지 않고 결과를 바로 확인할 수 있습니다. 내 아이에 관한 어떤 피드백이든 표정 관리하면서 남에게 듣지 않아도 됩니다.

❿ 평가 문제를 공개하지 않아 대체 어떤 문제가 나왔고, 어떤 문제를 틀린 건지 궁금해할 필요가 없습니다. 오답을 직접 확인하고 고치는 과정에서 부족한 부분을 정확히 보완할 수 있습니다.

이 책의 평가는 내 아이의 앞으로 길고 긴 수학 공부 여정에서 현재 단원, 이 순간에 대한 평가이지 최종 결과가 아닙니다. 좋은 점수에 지나친 기대를, 아쉬운 점수에 상심할 필요도 없습니다. 앞으로 어떻게 공부하느냐에 따라 얼마든지 점수가 더 좋아질 수도, 더 나빠질 수도 있습니다. 다만 이것이 초등 시험에서 항상 90~100점을 받는 내 아이의 객관적인 수학 실력이라는 것은 냉정하게 받아들여야 합니다. 너무 과대평가도 하지 말고, 과소평가도 하지 말고 내 아이를 딱 정확하게 바라볼 수 있어야 합니다. 그래야 내 아이에게 올바른 방향을 잡아 주고 계획을 세울 수 있습니다.

초등생인 내 아이가 과연 수학 공부를 잘하고 있는지 궁금하다면 이 책을 펼치길 바랍니다. 단원이 끝날 때마다, 학기를 마칠 때마다 집에서 객관적인 평가를 하면서 실력을 점검하고 수준에 알맞은 학습 계획을 세워 공부하길 바랍니다. 그렇게 공부하면 이 책의 마지막 평가까지 끝마쳤을 때쯤 이제 내 아이는 진정한 '수학 잘하는 아이'가 되어 있을 것입니다. 자신감 넘치게 중학교에 입학할 테고, 고등학교에서 훨훨 날아다닐 것입니다. 뛰어난 수학 성적으로 원하는 대학에 합격해서 초등 때 풀던 이 책이 떠오른다면 큰 영광일 것입니다.

예상 고등수학 등급 & 학습 성취도 분석 & 추천 문제집

점수	등급	분석
90점 이상	1등급	수학 최상위권입니다. 선행 학습의 속도와 수준을 높이고, 최고난도 심화 문제를 풀며 경시대회 입상에 도전하길 바랍니다. 문제집 디딤돌 최상위수학, 최상위쎈, 개념+유형 최상위탑, 문제해결의길잡이 심화
80점 이상	2등급	수학 상위권입니다. 1년 이상 선행 학습을 목표하고, 고난도 심화 문제를 풀며 최상위권에 도전하길 바랍니다. 문제집 디딤돌 최상위S, 쎈, 개념+유형 파워, 문제해결의길잡이 원리
70점 이상	3등급	수학 중상위권입니다. 1학기 이상 선행 학습을 목표하고, 다양한 응용 문제를 풀며 문제해결력을 높이길 바랍니다. 문제집 디딤돌 응용, 라이트쎈, 개념+유형 라이트
60점 이상	4등급	수학 중위권입니다. 많은 문제를 풀기보다는, 한 문제를 풀더라도 정확하게 해결하는 습관이 필요합니다. 문제집 디딤돌 기본, 개념쎈
50점 이상	5등급	수학 중하위권입니다. 교과서 개념을 꼼꼼하게 정리하고, 개념 문제를 완벽하게 풀 수 있도록 연습합니다. 문제집 개념+연산 파워
50점 미만	6등급	수학 하위권입니다. 교과서 문제부터 차근차근 해결하는 연습을 하며, 연산교재를 병행하길 바랍니다. 문제집 개념+연산 라이트

※ 예를 들어 65점은 4등급, 80점은 2등급입니다.

평가 결과 점검표

학기	단원	날짜	점수	등급
5-1	1. 자연수의 혼합 계산			
	2. 약수와 배수			
	3. 규칙과 대응			
	4. 약분과 통분			
	5. 분수의 덧셈과 뺄셈			
	6. 다각형의 둘레와 넓이			
	1학기말 평가			
5-2	1. 수의 범위와 어림하기			
	2. 분수의 곱셈			
	3. 합동과 대칭			
	4. 소수의 곱셈			
	5. 직육면체			
	6. 평균과 가능성			
	2학기말 평가			

차례

5학년 1학기

5학년 2학기

1 자연수의 혼합 계산

- 날짜

- 이름

- 배점   단답형 20문제 100점(각 문제는 5점씩입니다.)

- 평가 시간   45분

- 맞은 개수   /20

- 예상 고등수학 등급

1등급	90점 이상	2등급	80점 이상	3등급	70점 이상
4등급	60점 이상	5등급	50점 이상	6등급	50점 미만

※ 예를 들어 65점은 4등급, 80점은 2등급입니다.

- 학부모 확인

- 주최   행복한 우리집

※ 시험이 시작되기 전까지 이 페이지를 넘기지 마세요.

1 9 ÷ 3 + 5 × 6 - 17을 계산하시오.

( )

2 다음을 계산하시오.

> 17과 28의 합을 5로 나눈 몫에
> 3과 6의 곱을 더한 수

( )

3 □ 안에 알맞은 수를 구하시오.

> □ - 4 × 6 + 7 = 16

( )

4 1반 학생 26명은 9명씩 2개 조를 만들어 영화관에 가고, 나머지는 3반 학생 14명과 함께 놀이공원에 갔습니다. 놀이공원에 간 학생은 모두 몇 명인지 구하시오.

( )명

5 아이스크림 1개는 700원, 과자 3개는 1500원에 팔고 있습니다. 아이스크림 2개와 과자 4개를 사고 5000원을 냈을 때, 거스름돈은 얼마인지 구하시오.

( )원

6 어떤 수에서 17을 빼고 4로 나눈 다음 11을 더했더니 26이 되었습니다. 어떤 수를 구하시오.

( )

7 수 카드 3, 6, 9를 모두 한 번씩만 사용하여 다음과 같이 식을 만들려고 합니다. 계산 결과가 가장 크게 되도록 식을 만들어 계산하시오.

> □ + □ ÷ □ = □

( )

8 기호 ⊙에 대하여 다음과 같이 약속할 때, 6 ⊙ 7의 값은 얼마인지 구하시오.

> ㉠ ⊙ ㉡ = (㉠ + ㉡) × ㉠ - ㉡

( )

9 동생은 언니보다 5살 더 어리고, 언니의 나이는 12살입니다. 아버지의 나이는 동생 나이의 7배보다 4살 적습니다. 아버지는 몇 살인지 구하시오.

( )살

10 똑같은 책 10권이 들어 있는 상자의 무게는 4260g입니다. 이 상자에서 책 6권을 꺼냈더니 상자의 무게가 2700g이 되었습니다. 빈 상자의 무게는 몇 g인지 구하시오.

( )g

11 □ 안에 들어갈 수 있는 자연수는 모두 몇 개인지 구하시오.

$$7 \times 4 - 27 \div 3 > \square + 13$$

( )개

12 60에 어떤 수를 빼고 4를 곱해야 하는데 잘못하여 60에 어떤 수를 더하고 4로 나누었더니 23이 되었습니다. 바르게 계산한 값을 구하시오.

( )

13 주황색 구슬 1개의 무게가 15g입니다. 두 저울이 수평을 이루고 있을 때, 검은색 구슬 1개의 무게는 몇 g인지 구하시오.(단, 같은 색깔의 구슬은 무게가 같습니다.)

( )g

14 □ 안에 +, -, ×, ÷를 한 번씩 써 넣어 나올 수 있는 계산 결과 중 가장 큰 값을 구하시오.

$$10 \square 8 \square 6 \square 4 \square 2$$

( )

15 어느 학교의 학생은 모두 480명입니다. 이 중에서 사탕을 좋아하는 학생은 305명이고, 초콜릿을 좋아하는 학생은 271명입니다. 또 사탕과 초콜릿을 모두 좋아하는 학생은 156명입니다. 이 학교에서 사탕도 초콜릿도 좋아하지 않는 학생은 몇 명인지 구하시오.

( )명

16 자동차 1대를 주차하는데 30분에 1500원이라고 합니다. 자동차 6대를 2시간 30분 동안 주차하고 9명이 똑같이 나누어 주차비를 내기로 했습니다. 한 사람이 내야 하는 돈은 얼마인지 구하시오.

(   )원

17 지구에서 잰 무게는 달에서 잰 무게의 6배입니다. 달에서 몸무게를 재면 아버지가 15kg, 세정이가 7kg, 지호가 6kg입니다. 세 사람이 모두 지구에서 몸무게를 잰다면 아버지의 몸무게는 세정이와 지호 몸무게의 합보다 몇 kg 더 무거운지 구하시오.

(   )kg

18 집에서 출발해 박물관을 가는데 10분에 15km씩 가는 자동차를 타고 1시간 30분을 간 뒤 내려서 남은 거리를 1분에 60m씩 가는 빠르기로 걸었습니다. 집에서 박물관까지의 거리가 138km일 때, 걸어간 시간을 구하시오.

(   )분

19 ☐ 안에 +, -, × , ÷ 중 서로 다른 연산 2개를 사용하여 계산 결과가 자연수가 되는 식을 모두 몇 개 만들 수 있는지 구하시오.

3 ☐ 8 ☐ 4

(   )개

20 어떤 기차의 길이는 251m이고, 1시간에 240km씩 일정한 빠르기로 갈 수 있습니다. 이 기차가 터널에 들어가기 시작한 지 3분 만에 완전히 통과했다면 이 터널의 길이는 몇 m인지 구하시오.

(   )m

2 약수와 배수

○ **날짜**

○ **이름**

○ **배점** 단답형 20문제 100점(각 문제는 5점씩입니다.)

○ **평가 시간** 45분

○ **맞은 개수** /20

○ **예상 고등수학 등급**

1등급	90점 이상	2등급	80점 이상	3등급	70점 이상
4등급	60점 이상	5등급	50점 이상	6등급	50점 미만

※ 예를 들어 65점은 4등급, 80점은 2등급입니다.

○ **학부모 확인**

○ **주최** 행복한 우리집

※ 시험이 시작되기 전까지 이 페이지를 넘기지 마세요.

정답과 풀이 77쪽

1 18과 27의 공약수는 모두 몇 개인지 구하시오.

( )개

2 5와 8의 공배수 중에서 가장 작은 세 자리 수를 구하시오.

( )

3 28과 42를 어떤 수로 나누면 두 수가 모두 나누어떨어집니다. 어떤 수 중에서 가장 큰 수를 구하시오.

( )

4 연필 108자루와 지우개 72개를 최대한 많은 학생에게 남김없이 똑같이 나누어 주려고 할 때, 한 학생이 받는 연필은 몇 자루인지 구하시오.

( )자루

5 가로가 24cm, 세로가 30cm인 직사각형 모양의 종이를 겹치는 부분 없이 이어 붙여 가장 작은 정사각형 모양을 만들려고 합니다. 만든 정사각형 모양의 한 변의 길이를 구하시오.

( )cm

6 가영이는 6일마다, 지우는 9일마다 체육관에 갑니다. 두 사람이 체육관에서 4월 17일에 만났다면 바로 다음번에 만나는 날을 구하시오.

( )월 ( )일

7 어떤 수와 40의 최대공약수는 8이고, 최소공배수는 160입니다. 어떤 수를 구하시오.

( )

8 115와 49를 각각 어떤 수로 나누면 나머지가 모두 5입니다. 어떤 수 중에서 가장 작은 수를 구하시오.

( )

9 어느 버스 정류장에서 ㉠버스는 4분마다, ㉡버스는 10분마다 출발합니다. 오전 8시에 두 버스가 처음으로 동시에 출발한다면 오전 8시부터 오전 11시까지 동시에 출발하는 때는 모두 몇 번인지 구하시오.

(   )번

10 ㉠과 ㉡의 최대공약수가 10일 때, 두 수의 최소공배수를 구하시오.

㉠ = 2 × 3 × 5
㉡ = 2 × 2 × □ × 7

(   )

11 가로가 27m, 세로가 45m인 직사각형 모양의 땅의 가장자리를 따라 일정한 간격으로 가로등을 설치하려고 합니다. 가로등을 가장 적게 사용할 때, 필요한 가로등은 모두 몇 개인지 구하시오.(단, 네 모퉁이에는 반드시 가로등을 설치해야 합니다.)

(   )개

12 경수와 서연이가 다음과 같이 규칙에 따라 각각 바둑돌 150개를 놓을 때, 같은 자리에 검은 바둑돌이 놓이는 경우는 모두 몇 번인지 구하시오.

경수 ○○○●○○○○●○○○○●○○ ……
서연 ○○○○○●○○○○○○●○○ ……

(   )번

13 18로 나누어도 4가 남고, 24로 나누어도 4가 남는 어떤 수가 있습니다. 어떤 수가 될 수 있는 수 중에서 두 번째로 작은 수를 구하시오.

(   )

14 1부터 300까지의 자연수 중에서 6의 배수도 9의 배수도 아닌 수는 모두 몇 개인지 구하시오.

(   )개

15 올해 삼촌의 나이는 8의 배수이고 7년 후에는 5의 배수가 됩니다. 올해 삼촌의 나이가 40살에서 70살 사이일 때, 5년 후 삼촌의 나이는 몇 살인지 구하시오.

(   )살

16 3개의 톱니바퀴 ㉠(톱니 수: 15개), ㉡(톱니 수: 24개), ㉢(톱니 수: 36개)이 서로 맞물려 돌아가고 있습니다. 세 톱니바퀴의 톱니가 처음 맞물렸던 자리에서 다시 만나려면 ㉢톱니바퀴는 적어도 몇 바퀴를 돌아야 하는지 구하시오.

( )바퀴

17 길이가 480m인 직선 도로의 양쪽에 처음부터 15m 간격으로 은행나무를 심고, 20m 간격으로 단풍나무를 심으려고 합니다. 도로의 처음과 끝에는 단풍나무만 심고, 은행나무와 단풍나무가 겹치는 부분에도 단풍나무만 심으려고 합니다. 필요한 은행나무는 모두 몇 그루인지 구하시오. (단, 은행나무와 단풍나무의 두께는 생각하지 않습니다.)

( )그루

18 학교 운동회에 200명보다 많고 250명보다 적은 사람이 참여했습니다. 각 모둠에 사람 수를 똑같이 4명, 5명, 6명씩 배정해 보아도 항상 2명이 부족하다고 합니다. 운동회에 참여한 사람은 모두 몇 명인지 구하시오.

( )명

19 6으로 나누면 4가 남고, 5로 나누면 3이 남는 어떤 수가 있습니다. 어떤 수가 될 수 있는 수 중에서 200에 가장 가까운 수를 구하시오.

( )

20 다음을 모두 만족하는 자연수 ㉠과 ㉡의 합을 구하시오.

- ㉡ - ㉠ = 8
- ㉠과 ㉡의 최대공약수: 8
- ㉠과 ㉡의 최소공배수: 48

( )

③ 규칙과 대응

○ 날짜

○ 이름

○ 배점   단답형 20문제 100점(각 문제는 5점씩입니다.)

○ 평가 시간   45분

○ 맞은 개수   /20

○ **예상 고등수학 등급**

1등급	90점 이상	2등급	80점 이상	3등급	70점 이상
4등급	60점 이상	5등급	50점 이상	6등급	50점 미만

※ 예를 들어 65점은 4등급, 80점은 2등급입니다.

○ **학부모 확인**

○ 주최   행복한 우리집

※ 시험이 시작되기 전까지 이 페이지를 넘기지 마세요.

1 박물관의 입장객 수와 입장료 사이의 대응 관계를 나타낸 표입니다. 박물관의 입장객 수가 8명일 때, 입장료는 얼마인지 구하시오.

입장객 수(명)	1	2	3	……
입장료(원)	3000	6000	9000	……

( )원

2 경수의 남동생은 현재 7살이고, 여동생은 10살입니다. 남동생이 12살이 되면 여동생은 몇 살이 되는지 구하시오.

( )살

3 도형의 배열을 보고 사각형이 7개일 때, 원은 몇 개인지 구하시오.

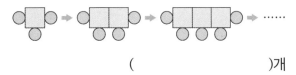

( )개

4 사탕이 들어 있는 바구니의 수와 사탕의 수 사이의 대응 관계를 나타낸 표입니다. 사탕 48개를 담으려면 필요한 바구니는 몇 개인지 구하시오.

바구니의 수(개)	1	2	3	4	……
사탕의 수(개)	4	8	12	16	……

( )개

5 다음과 같은 방법으로 직사각형 모양의 종이 1장을 11조각으로 자르려고 합니다. 직사각형 모양의 종이를 몇 번 잘라야 하는지 구하시오.

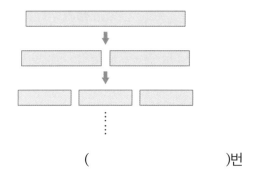

( )번

6 형이 말한 수와 동생이 답한 수 사이의 대응 관계를 나타낸 표입니다. 동생이 17이라고 답할 때, 형이 말한 수를 구하시오.

형이 말한 수	3	6	17	10	……
동생이 답한 수	8	11	22	15	……

( )

7 배열 순서에 맞게 수 카드를 놓고 사각형 조각으로 규칙적인 배열을 만들고 있습니다. 수 카드에 적힌 숫자가 27일 때, 필요한 사각형 조각은 몇 개인지 구하시오.

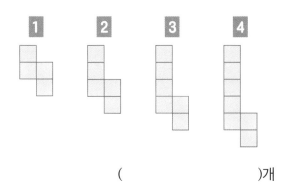

( )개

8 서울과 런던의 시각 사이의 대응 관계를 나타낸 표입니다. 서울의 시각이 오전 11시일 때, 런던의 시각은 몇 시인지 구하시오.

서울의 시각	오후 3시	오후 4시	오후 5시	오후 6시
런던의 시각	오전 7시	오전 8시	오전 9시	오전 10시

( )시

9 배열 순서에 맞게 바둑돌로 규칙적인 배열을 만들고 있습니다. 바둑돌 32개로 만든 모양은 몇 번째인지 구하시오.

( )번째

10 길이가 28cm인 어느 양초에 불을 붙이면 7분에 3cm씩 일정한 빠르기로 길이가 짧아진다고 합니다. 이 양초에 불을 붙인 지 49분 후에 남은 양초의 길이를 구하시오.

( )cm

11 성냥을 사용하여 다음과 같이 정육각형을 만들고 있습니다. 정육각형을 9개 만들 때, 필요한 성냥은 몇 개인지 구하시오.

( )개

12 7분에 14L의 물이 나오는 수도꼭지가 있습니다. 이 수도꼭지로 물통에 물을 40L 받았다면 물을 받은 시간은 몇 분인지 구하시오.

( )분

13 길이가 8cm인 용수철이 있습니다. 이 용수철에 무게 추 1개를 매달면 3cm씩 늘어납니다. 늘어난 용수철의 전체 길이가 29cm일 때, 매단 무게 추는 모두 몇 개인지 구하시오.

( )개

21

14 형이 2라고 말하면 동생은 9라고 답하고, 형이 4라고 말하면 동생은 15라고 답합니다. 또 형이 5라고 말하면 동생은 18이라고 답합니다. 형이 7이라고 말할 때, 동생이 답한 수를 구하시오.

(   )

15 똑같은 식용유 8병의 무게가 728g이고, 식용유 182g당 가격은 2300원입니다. 9200원으로 식용유를 모두 몇 병 살 수 있는지 구하시오.

(   )병

16 한 변이 5cm인 정삼각형 조각을 다음과 같이 겹치지 않게 이어 붙이고 있습니다. 정삼각형 조각을 16개 이어 붙인 도형의 둘레는 몇 cm인지 구하시오.

(   )cm

17 지면으로부터 높이가 400m 높아질 때마다 기온이 8°C씩 내려간다고 합니다. 지면의 기온이 32°C일 때, 기온이 16°C가 되는 지점은 지면으로부터 높이가 몇 m인지 구하시오.

(   )m

18 철근을 한 번 자르는 데 9분이 걸리고, 한 번 자르고 나면 4분씩 쉰다고 합니다. 긴 철근 1개를 15도막으로 자르는 데 걸리는 시간은 모두 몇 분인지 구하시오.

(   )분

19 려원이가 학교에서 출발한 지 12분 후에 주혜가 려원이를 만나기 위해 뒤쫓아 출발했습니다. 일정한 빠르기로 려원이는 1분에 60m씩 걷고, 주혜는 1분에 100m씩 뛰었습니다. 주혜가 출발한 지 몇 분 만에 려원이를 만날 수 있는지 구하시오.

(   )분

20 일정한 빠르기로 5분에 15km를 가는 기차와 8분에 16km를 가는 버스가 동시에 출발했습니다. 기차가 27km를 갔을 때, 버스는 몇 km를 갔는지 구하시오.

(   )km

❹ 약분과 통분

○ **날짜**

○ **이름**

○ **배점**　　　　단답형 20문제 100점(각 문제는 5점씩입니다.)

○ **평가 시간**　　　　　　　　45분

○ **맞은 개수**　　　　　　　　/20

○ **예상 고등수학 등급**

1등급	90점 이상	2등급	80점 이상	3등급	70점 이상
4등급	60점 이상	5등급	50점 이상	6등급	50점 미만

※ 예를 들어 65점은 4등급, 80점은 2등급입니다.

○ **학부모 확인**

○ **주최**　　　　　　　　행복한 우리집

※ 시험이 시작되기 전까지 이 페이지를 넘기지 마세요.

1 5학년 남학생은 72명이고, 여학생은 48명입니다. 남학생 수는 5학년 전체 학생 수의 몇 분의 몇인지 기약분수로 나타내시오.

(   )

2 고구마를 수확하는데 예은이는 1.7kg, 은채는 $1\frac{4}{5}$ kg을 캤습니다. 고구마를 더 많이 캔 사람은 누구인지 구하시오.

(   )

3 □ 안에 들어갈 수 있는 자연수는 모두 몇 개인지 구하시오.

$$\frac{2}{5} < \frac{\square}{20} < \frac{3}{4}$$

(   )개

4 수 카드 4장 중에서 2장을 뽑아 진분수를 만들려고 합니다. 만들 수 있는 진분수 중 가장 작은 수를 소수로 나타내시오.

| 2 | 4 | 5 | 8 |

(   )

5 다음 분수와 소수 중 가장 큰 수를 구하시오.

| 0.75 | $\frac{3}{5}$ | 0.5 |

(   )

6 다음 수 카드를 사용하여 만들 수 있는 분수 중 $\frac{6}{11}$과 크기가 같은 분수를 구하시오.

$$\frac{6}{11} = \frac{\square}{\square}$$ | 18 | 32 | 24 | 44 | 55 |

(   )

7 지현이와 서현이는 똑같은 케이크를 1개씩 선물 받았습니다. 지현이는 케이크를 똑같이 3조각으로 나눈 것 중에 2조각을 먹었습니다. 서현이는 케이크를 똑같이 9조각으로 나누었습니다. 서현이가 지현이와 같은 양의 케이크를 먹으려면 몇 조각을 먹어야 하는지 구하시오.

( )조각

8 어떤 분수의 분자에서 5를 빼고, 6으로 약분하였더니 $\frac{4}{7}$가 되었습니다. 어떤 분수를 구하시오.

( )

9 $\frac{7}{9}$과 크기가 같은 분수 중에서 분모와 분자의 차가 6인 분수를 구하시오.

( )

10 $\frac{7}{16}$과 $\frac{9}{20}$의 공통분모가 250에 가장 가까운 수가 되도록 통분할 때, 두 분수의 분자의 합을 구하시오.

( )

11 바구니에 들어 있는 사과를 세 사람에게 나누어 주려고 합니다. 아버지에게는 전체의 $\frac{5}{16}$를, 어머니에게는 전체의 $\frac{3}{10}$을, 동생에게는 남아 있는 전부를 나누어 준다면 사과를 가장 많이 받은 사람은 누구인지 구하시오.

( )

12 $\frac{4}{18}$의 분자에 8을 더했을 때, 분수의 크기가 변하지 않으려면 분모에 얼마를 더해야 하는지 구하시오.

( )

13 ☐ 안에 들어갈 수 있는 자연수는 모두 몇 개인지 구하시오.

$$\frac{3}{8} < \frac{9}{\square} < \frac{6}{11}$$

( )개

14 분모와 분자의 최소공배수가 84이고, 기약분수로 나타내면 $\frac{3}{4}$인 분수의 분자와 분모의 합을 구하시오.

( )

15 다음과 같이 분모가 51인 진분수 중에서 기약분수는 모두 몇 개인지 구하시오.

$$\frac{1}{51}, \frac{2}{51}, \frac{3}{51}, \cdots\cdots, \frac{48}{51}, \frac{49}{51}, \frac{50}{51}$$

( )개

16 0.7, $\frac{13}{20}$, $\frac{17}{25}$ 중에서 0.6에 가장 가까운 수를 구하시오.

( )

17 다음을 모두 만족하는 분수를 구하시오.

- 분모와 분자의 최소공배수는 135입니다.
- 기약분수로 나타내면 $\frac{5}{9}$ 입니다.

( )

18 □ 안에 알맞은 수를 기약분수로 나타내시오.

$$\frac{6}{11} \quad\quad\quad \boxed{} \quad\quad\quad \frac{13}{22}$$

( )

19 다음을 모두 만족하는 분수를 구하시오.

- 분모가 30인 진분수입니다.
- $\frac{7}{10}$ 보다 크고 $\frac{13}{15}$ 보다 작습니다.
- $\frac{37}{45}$ 보다 큰 분수입니다.

( )

20 분수를 가장 작은 수부터 차례대로 늘어놓은 것입니다. ㉠과 ㉡에 들어갈 수 있는 자연수 중에서 ㉠ - ㉡의 계산 결과가 가장 작을 때의 값을 구하시오.

$$\frac{4}{13}, \frac{5}{㉠}, \frac{4}{9}, \frac{5}{7}, \frac{4}{㉡}$$

( )

5 분수의 덧셈과 뺄셈

○ **날짜**

○ **이름**

○ **배점**　　　　　　단답형 20문제 100점(각 문제는 5점씩입니다.)

○ **평가 시간**　　　　　　　　45분

○ **맞은 개수**　　　　　　　　/20

○ **예상 고등수학 등급**

1등급	90점 이상	2등급	80점 이상	3등급	70점 이상
4등급	60점 이상	5등급	50점 이상	6등급	50점 미만

※ 예를 들어 65점은 4등급, 80점은 2등급입니다.

○ **학부모 확인**

○ **주최**　　　　　　　　행복한 우리집

※ 시험이 시작되기 전까지 이 페이지를 넘기지 마세요.

1 $1\dfrac{4}{7} + 2\dfrac{5}{8}$ 를 계산하시오.

(   )

2 $\dfrac{8}{9}$ 보다 $\dfrac{1}{3}$ 만큼 더 작은 수를 구하시오.

(   )

3 집에서 외할아버지댁까지 가는데 전체 거리의 $\dfrac{1}{4}$ 은 기차를 타고, 전체 거리의 $\dfrac{3}{5}$ 은 버스를 타고, 남은 거리는 자전거를 타고 갔습니다. 자전거를 탄 거리는 전체 거리의 몇 분의 몇인지 구하시오.

(   )

4 어떤 수에서 $\dfrac{1}{9}$ 을 빼야 할 것을 잘못하여 더했더니 $\dfrac{11}{24}$ 이 되었습니다. 바르게 계산하면 얼마인지 구하시오.

(   )

5 상아집에서 다혜집까지 가는데 학교와 도서관 중에 어느 곳을 거쳐 가는 길이 더 가까운지 구하시오.

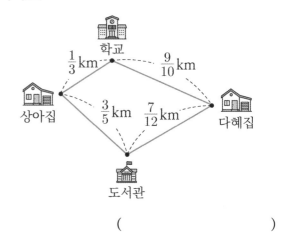

(   )

6 길이가 $3\dfrac{5}{8}$ cm, $5\dfrac{2}{5}$ cm인 색 테이프 2장을 그림과 같이 $2\dfrac{7}{10}$ cm만큼 겹쳐서 이어 붙였습니다. 이어 붙인 색 테이프의 전체 길이를 구하시오.

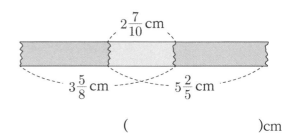

(   )cm

7 □ 안에 들어갈 수 있는 자연수 중에서 가장 작은 수를 구하시오.

$$\frac{\square}{6} > 2\frac{5}{9} - 1\frac{7}{12}$$

( )

8 밀가루로 쿠키와 빵을 만들었습니다. 쿠키를 만드는 데 전체의 $\frac{1}{3}$ 만큼, 빵을 만드는 데 전체의 $\frac{11}{17}$ 만큼 사용했습니다. 남은 밀가루가 20g일 때, 처음에 있던 밀가루의 양을 구하시오.

( )g

9 수 카드 6장을 모두 한 번씩만 사용하여 2개의 대분수를 만들려고 합니다. 만든 두 대분수의 차가 가장 클 때, 두 대분수의 합을 구하시오.

| 2 | 3 | 5 | 6 | 7 | 9 |

( )

10 똑같은 책 3권의 무게를 재었더니 $\frac{13}{16}$ kg이었습니다. 이 책 12권이 들어 있는 상자의 무게가 $4\frac{1}{3}$ kg일 때, 빈 상자의 무게를 구하시오.

( )kg

11 $\frac{5}{9}$ L의 물을 갖고 있는 형이 $\frac{1}{4}$ L의 물을 동생에게 나누어 주었더니 두 사람이 갖고 있는 물의 양이 같아졌습니다. 처음 동생이 갖고 있던 물은 몇 L인지 구하시오.

( )L

12 다음과 같은 규칙으로 분수를 늘어놓았을 때, 일곱 번째 분수와 열 번째 분수의 합을 구하시오.

$$1\frac{1}{3},\ 2\frac{3}{5},\ 3\frac{5}{7},\ 4\frac{7}{9},\ \cdots\cdots$$

( )

13 다음을 이용하여 분수의 합을 구하시오.

$$\frac{1}{20} = \frac{1}{4 \times 5} = \frac{1}{4} - \frac{1}{5}$$

$$\frac{1}{30} + \frac{1}{42} + \frac{1}{56} + \cdots\cdots + \frac{1}{156}$$

(   )

14 지혜는 어떤 일의 $\frac{1}{3}$을 하는 데 6일이 걸리고,

찬민이는 같은 일의 $\frac{1}{9}$을 하는 데 4일이 걸립니다. 이 일을 두 사람이 함께하면 며칠 만에 끝낼 수 있는지 구하시오.(단, 두 사람이 하루에 일하는 양은 각각 일정합니다.)

(   )일

15 소설책을 읽는데 첫째 날은 전체의 $\frac{1}{12}$을 읽고,

둘째 날은 전체의 $\frac{3}{8}$을 읽었습니다. 이와 같은 방법으로 하루씩 번갈아 가며 셋째 날은 전체의 $\frac{1}{12}$을 읽고, 넷째 날은 전체의 $\frac{3}{8}$을 읽는다면 소설책을 다 읽는 데 며칠이 걸리는지 구하시오.

(   )일

16 집에서 출발하여 $1\frac{2}{5}$시간 동안 걸은 후 서점에 도착해 15분 동안 책을 샀습니다. 다시 서점에서 출발하여 $1\frac{13}{30}$시간을 걸어서 집으로 돌아왔다면, 처음 집에서 출발한 지 몇 시간 몇 분 후에 다시 집으로 돌아온 것인지 구하시오.

(   )시간 (   )분

17 네 변의 길이의 합이 $10\frac{2}{7}$ cm인 정사각형 모양의 종이를 다음과 같이 3등분하였습니다. 잘린 직사각형 모양의 종이 1장의 둘레를 구하시오.

(   )cm

18 다음을 만족하는 세 분수 ㉠, ㉡, ㉢의 합을 구하시오.

$$㉠ + ㉡ = \frac{7}{10}, \quad ㉡ + ㉢ = \frac{8}{15}, \quad ㉢ + ㉠ = \frac{5}{6}$$

(   )

19 비어 있는 물통에 ㉠수도로만 물을 가득 채우는 데 20분이 걸리고, ㉡수도로만 물을 가득 채우는 데 12분이 걸립니다. 물이 가득 채워진 이 물통에 구멍이 뚫려 60분 동안 물이 모두 새어 나갔습니다. ㉠과 ㉡ 수도를 동시에 틀어 구멍이 난 물통에 물을 채울 때, 1분 동안 채울 수 있는 물의 양은 물통 전체의 몇 분의 몇인지 구하시오. (단, 두 수도에서 나오는 물의 양과 구멍으로 새어 나가는 물의 양은 각각 일정합니다.)

(   )

20 꽃다발을 6개 포장하려고 합니다. 1개를 포장하는 데 $3\frac{1}{7}$분이 걸리고, 포장한 다음 $1\frac{1}{4}$분 동안 쉽니다. 같은 빠르기로 꽃다발을 6개 포장하는 데 걸리는 시간은 모두 몇 분인지 구하시오.

(   )분

❻ 다각형의 둘레와 넓이

○ 날짜

○ 이름

○ 배점   단답형 20문제 100점(각 문제는 5점씩입니다.)

○ 평가 시간   45분

○ 맞은 개수   /20

○ 예상 고등수학 등급

1등급	90점 이상	2등급	80점 이상	3등급	70점 이상
4등급	60점 이상	5등급	50점 이상	6등급	50점 미만

※ 예를 들어 65점은 4등급, 80점은 2등급입니다.

○ 학부모 확인

○ 주최   행복한 우리집

※ 시험이 시작되기 전까지 이 페이지를 넘기지 마세요.

1 직사각형의 둘레가 32cm일 때, ☐ 안에 알맞은 수를 구하시오.

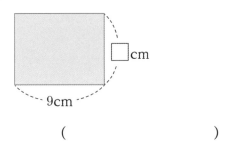

(   )

4 다음 두 도형의 넓이가 같을 때, ☐ 안에 알맞은 수를 구하시오.

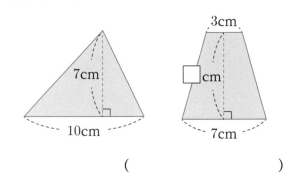

(   )

2 사다리꼴과 평행사변형의 넓이의 합을 구하시오.

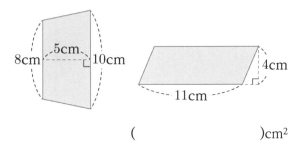

(   )cm²

5 삼각형 ㄱㄴㄷ에서 ☐ 안에 알맞은 수를 구하시오.

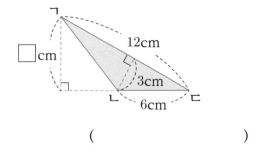

(   )

3 정사각형의 넓이는 몇 km²인지 구하시오.

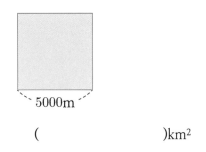

(   )km²

6 색칠한 부분의 넓이를 구하시오.

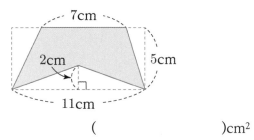

(   )cm²

7 색칠한 부분의 넓이를 구하시오.

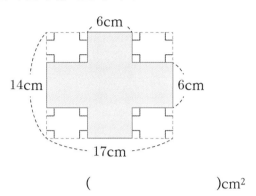

( )cm²

8 둘레가 36cm이고, 가로가 세로의 2배인 직사각형이 있습니다. 이 직사각형의 넓이를 구하시오.

( )cm²

9 사다리꼴 ㄱㄴㄷㄹ의 넓이를 구하시오.

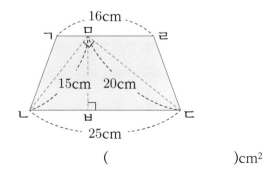

( )cm²

10 다음 도형은 크기가 같은 정사각형을 겹치지 않게 이어 붙여서 만든 것입니다. 도형의 둘레가 144cm일 때, 도형의 넓이를 구하시오.

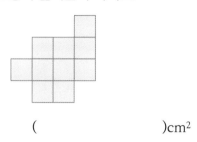

( )cm²

11 정사각형을 크기가 같은 직사각형 4개로 나누었더니 직사각형 1개의 둘레가 20cm입니다. 처음 정사각형의 한 변의 길이를 구하시오.

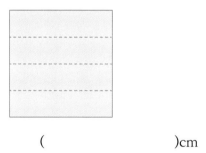

( )cm

12 다음과 같이 정사각형과 직사각형을 겹치지 않게 이어 붙여 만든 도형의 둘레가 92cm일 때, 이 도형의 넓이를 구하시오.

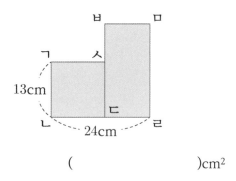

(   )cm²

13 평행사변형 ㄱㄴㄷㄹ의 넓이는 288cm²입니다. 삼각형 ㅁㄷㄹ의 넓이가 64cm²일 때, 선분 ㄱㅁ의 길이를 구하시오.

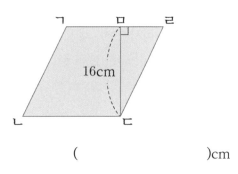

(   )cm

14 다음 그림에서 사다리꼴 ㅁㄴㄷㄹ의 넓이는 삼각형 ㄱㄴㅁ의 넓이의 4배입니다. ☐ 안에 알맞은 수를 구하시오.

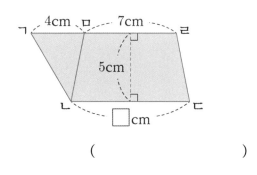

(   )

15 둘레가 20cm인 직사각형을 그리려고 합니다. 그릴 수 있는 직사각형 중 넓이가 가장 큰 것과 가장 작은 것의 넓이의 차를 구하시오.(단, 직사각형의 가로와 세로는 자연수입니다.)

(   )cm²

16 다음 사다리꼴 ㄱㄴㄷㄹ의 넓이를 구하시오.

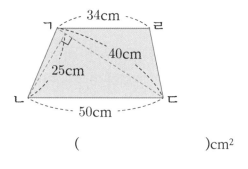

(   )cm²

17 사다리꼴 ㄱㄴㄷㄹ의 넓이가 234cm²일 때, 마름모 ㅂㄷㄹㅁ의 넓이를 구하시오.

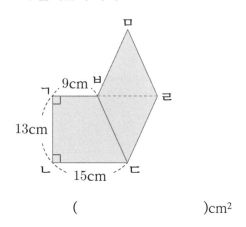

(   )cm²

18 서로 다른 정사각형 3개와 직각삼각형 1개를 겹치지 않게 이어 붙여서 만든 도형입니다. 색칠한 부분의 넓이를 구하시오.

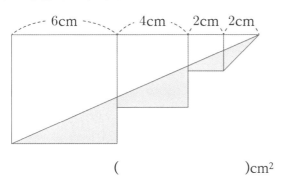

(   )cm²

20 다음의 성질을 이용하여 직사각형 ㄱㄴㄷㄹ의 넓이는 삼각형 ㅂㅁㄷ의 넓이의 몇 배인지 구하시오.

> • 직사각형은 두 대각선의 길이가 같습니다.
> • 직사각형은 한 대각선이 다른 대각선을 이등분합니다.

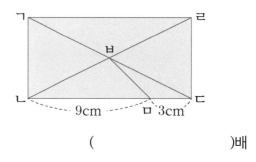

(   )배

19 다음 사다리꼴 ㄱㄴㄷㄹ의 넓이는 672cm²입니다. 선분 ㄴㅁ과 ㄹㅁ의 길이가 같을 때, 삼각형 ㄱㅁㄷ의 넓이를 구하시오.

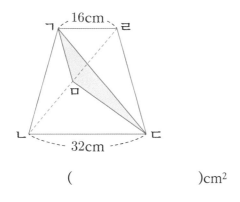

(   )cm²

1학기말 평가

○ **날짜**

○ **이름**

○ **배점**　　단답형 20문제 100점(각 문제는 5점씩입니다.)

○ **평가 시간**　　　　　　45분

○ **맞은 개수**　　　　　　/20

○ **예상 고등수학 등급**

1등급	90점 이상	2등급	80점 이상	3등급	70점 이상
4등급	60점 이상	5등급	50점 이상	6등급	50점 미만

※ 예를 들어 65점은 4등급, 80점은 2등급입니다.

○ **학부모 확인**

○ **주최**　　　　　　행복한 우리집

※ 시험이 시작되기 전까지 이 페이지를 넘기지 마세요.

1 버스 정류장에서 도서관으로 가는 버스가 오전 7시부터 15분 간격으로 출발합니다. 오전 7시부터 오전 8시까지 버스는 모두 몇 번 출발하는지 구하시오.

( )번

2 수 카드 5장 중에서 2장을 뽑아 진분수를 만들려고 합니다. 만들 수 있는 진분수 중에서 가장 작은 분수와 가장 큰 분수의 합을 소수로 나타내시오.

| 1 | 2 | 4 | 8 | 10 |

( )

3 가로가 12m, 세로가 18m인 직사각형 모양의 바닥에 크기가 같은 정사각형 모양의 타일 여러 개를 겹치지 않게 이어 붙여 남는 부분이 없게 하려고 합니다. 정사각형 모양의 타일을 가장 적게 사용할 때, 타일의 한 변의 길이를 구하시오.

( )m

4 어떤 수에서 $2\frac{5}{14}$ 를 더했더니 $7\frac{1}{7}$ 이 되었습니다. 어떤 수를 구하시오.

( )

5 1개의 둘레가 20cm인 정사각형 4개를 다음과 같이 겹치지 않게 이어 붙였습니다. 이어 붙인 도형의 넓이를 구하시오.

( )cm²

6 사다리꼴 ㄱㄴㄷㄹ의 넓이가 398cm²일 때, ☐ 안에 알맞은 수를 구하시오.

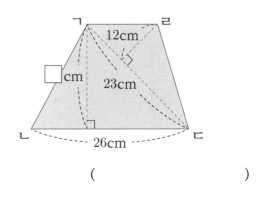

( )

7 어떤 수를 12로 나누면 3이 남고, 8로 나누어도 3이 남는다고 합니다. 어떤 수 중에서 가장 작은 수를 구하시오.

( )

8 일정한 규칙에 따라 수를 늘어놓은 것입니다. 처음으로 150보다 큰 수가 놓이는 것은 몇 번째인지 구하시오.

순서	1	2	3	4	……
수	8	12	16	20	……

( )번째

9 가로와 세로의 합이 21cm인 직사각형이 있습니다. 가로가 세로의 2배일 때, 이 직사각형의 넓이를 구하시오.

( )cm²

10 우유가 $4\frac{1}{3}$ L 있습니다. 이 중에서 $1\frac{3}{4}$ L를 마셨고, $\frac{1}{9}$ L를 쏟았습니다. 남은 우유의 양을 구하시오.

( )L

11 다음 분수 중에서 $\frac{5}{8}$ 에 가장 가까운 분수를 구하시오.

$$\frac{1}{4}, \ \frac{7}{12}, \ \frac{8}{9}$$

( )

12 색칠한 부분의 넓이를 구하시오.

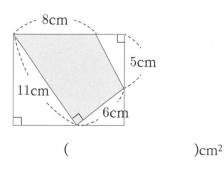

( )cm²

13 사다리꼴 ㄱㄴㄷㄹ의 넓이를 구하시오.

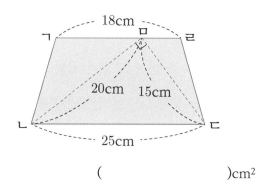

( )cm²

14 둘레가 36cm인 직사각형 중에 넓이가 가장 큰 직사각형의 넓이를 구하시오.(단, 직사각형의 변의 길이는 자연수입니다.)

( )cm²

15 어떤 수를 9로 나누면 나머지가 4이고, 15로 나누면 나머지가 10입니다. 어떤 수 중에서 180에 가장 가까운 수를 구하시오.

( )

16 □ 안에 들어갈 수 있는 자연수는 모두 몇 개인지 구하시오.

$$2\frac{\square}{18} + 2\frac{8}{27} < 5$$

( )개

19 다음과 같은 규칙으로 기약분수를 늘어놓았을 때 $\frac{18}{19}$은 ㉠번째 분수이고, $\frac{12}{ⓒ}$는 36번째 분수입니다. ㉠과 ⓒ의 합을 구하시오.

$$\frac{1}{4}, \frac{2}{5}, \frac{1}{2}, \frac{4}{7}, \frac{5}{8}, \frac{2}{3}, \cdots\cdots$$

( )

17 물이 가득 들어 있는 물통의 무게를 재었더니 $7\frac{1}{5}$kg이었고, 들어 있던 물의 반을 쏟고 나서 무게를 재었더니 $3\frac{2}{3}$kg이었습니다. 비어 있는 물통의 무게를 구하시오.

( )kg

20 서로 크기가 다른 정사각형 ㉠, ㉡, ㉢, ㉣을 겹치지 않게 이어 붙였습니다. 정사각형 ㉣의 둘레가 112cm일 때, 정사각형 ㉢의 넓이를 구하시오.

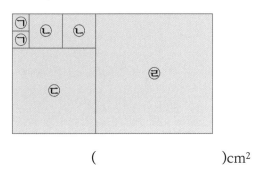

( )cm²

18 어떤 수의 4배보다 7 큰 수를 5로 나눈 몫에서 11을 뺀 수는 63과 17의 합을 4로 나눈 몫보다 작습니다. 어떤 수가 될 수 있는 자연수 중에서 가장 큰 수를 구하시오.

( )

1 수의 범위와 어림하기

○ **날짜**

○ **이름**

○ **배점**　　　　　단답형 20문제 100점(각 문제는 5점씩입니다.)

○ **평가 시간**　　　　　　　　45분

○ **맞은 개수**　　　　　　　　/20

○ **예상 고등수학 등급**

1등급	90점 이상	2등급	80점 이상	3등급	70점 이상
4등급	60점 이상	5등급	50점 이상	6등급	50점 미만

※ 예를 들어 65점은 4등급, 80점은 2등급입니다.

○ **학부모 확인**

○ **주최**　　　　　　　　행복한 우리집

※ 시험이 시작되기 전까지 이 페이지를 넘기지 마세요.

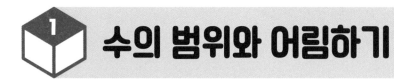
1 13 미만인 자연수는 모두 몇 개인지 구하시오.

( )개

2 구슬 572개를 주머니에 모두 넣으려고 합니다. 주머니 1개에 100개씩 넣을 수 있을 때, 주머니는 최소 몇 개 필요한지 구하시오.

( )개

3 2732를 올림하여 백의 자리까지 나타낸 수와 버림하여 천의 자리까지 나타낸 수의 차를 구하시오.

( )

4 올림하여 백의 자리까지 나타내면 3800이 되는 자연수 중에서 가장 큰 수를 구하시오.

( )

5 54 이상 63 미만인 수 중에서 버림하여 십의 자리까지 나타내면 50이 되는 자연수는 몇 개인지 구하시오.

( )개

6 수 카드 4장을 한 번씩 모두 사용하여 가장 큰 네 자리 수를 만들었습니다. 만든 수를 버림하여 백의 자리까지 나타내어 보시오.

| 1 | 6 | 4 | 7 |

( )

7 반올림하여 백의 자리까지 나타내면 7200이 되는 자연수 중에서 가장 작은 수를 구하시오.

( )

8 학생 216명에게 사탕을 10개씩 나누어 주려고 합니다. 마트에서 사탕을 100개씩 묶음으로만 판다고 할 때, 사탕을 최소 몇 묶음 사야 하는지 구하시오.

( )묶음

9 두 수직선에 나타낸 수의 범위에 공통으로 속하는 자연수가 6개일 때, ☐ 안에 알맞은 자연수를 구하시오.

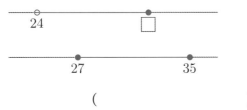

(   )

10 어떤 자연수에 8을 곱해서 나온 수를 반올림하여 십의 자리까지 나타냈더니 70이 되었습니다. 어떤 자연수를 구하시오.

(   )

11 ㉠마트에서는 음료수 10병씩 묶음을 7700원에 팔고, ㉡마트에서는 음료수 100병씩 묶음을 75000원에 팝니다. 음료수를 367병 사려고 할 때, 어느 마트에서 사는 것이 더 저렴한지 구하시오.

(   )마트

12 지진 피해 돕기 행사에 참가한 학생 수를 올림하여 백의 자리까지 나타내면 1000명이 됩니다. 한 사람이 5000원씩 기부금을 낼 때, 모이는 기부금은 최소 얼마인지 구하시오.

(   )원

13 다음 조건을 모두 만족하는 자연수는 몇 개인지 구하시오.

> - 반올림하여 백의 자리까지 나타내면 4100입니다.
> - 올림하여 백의 자리까지 나타내면 4200입니다.
> - 버림하여 백의 자리까지 나타내면 4100입니다.

(   )개

14 어떤 자연수를 반올림하여 십의 자리까지 나타낸 수는 2630이고, 올림하여 십의 자리까지 나타낸 수는 2640입니다. 어림하기 전의 수가 될 수 있는 수 중에서 가장 큰 수를 구하시오.

(   )

15 다음 다섯 자리 수를 내림하여 천의 자리까지 나타낸 수와 반올림하여 천의 자리까지 나타낸 수는 같습니다. ☐ 안에 들어갈 수 있는 수는 모두 몇 개인지 구하시오.

> 7 4 ☐ 3 1

(   )개

16 5장의 수 카드를 한 번씩 모두 사용해 다섯 자리 수를 만들려고 합니다. 만들 수 있는 수 중에서 반올림하여 천의 자리까지 나타내면 54000이 되는 수는 모두 몇 개인지 구하시오.

> 5 8 3 4 7

(   )개

19 4장의 수 카드를 한 번씩 모두 사용하여 만들 수 있는 네 자리 수 중에서 반올림하여 천의 자리까지 나타낸 수가 6000이 되는 수는 모두 몇 개인지 구하시오.

> 1 5 9 6

(   )개

17 선아네 가족이 기차를 타려고 합니다. 12세 이하인 어린이는 30000원, 어른은 45000원, 65세 이상인 경로는 35000원을 내야 합니다. 선아가 11세, 아버지가 43세, 어머니가 37세, 할아버지가 65세일 때 선아네 가족이 내야 할 요금은 모두 얼마인지 구하시오.

(   )원

20 다음 조건을 만족하는 자연수 ㉠과 ㉡의 합을 구하시오.

> • 125 초과 ㉠ 미만인 자연수는 모두 45개입니다.
> • ㉡ 이상 104 이하인 자연수는 모두 30개입니다.

(   )

18 5장의 수 카드 중 3장을 골라 만들 수 있는 세 자리 수 중에서 ☐ 이상 430 미만인 수는 6개입니다. ☐ 안에 들어갈 수 있는 가장 작은 자연수를 구하시오.

> 2 7 3 4 8

(   )

2 분수의 곱셈

○ **날짜**

○ **이름**

○ **배점**　단답형 20문제 100점(각 문제는 5점씩입니다.)

○ **평가 시간**　　　　　　　45분

○ **맞은 개수**　　　　　　　/20

○ **예상 고등수학 등급**

1등급	90점 이상	2등급	80점 이상	3등급	70점 이상
4등급	60점 이상	5등급	50점 이상	6등급	50점 미만

※ 예를 들어 65점은 4등급, 80점은 2등급입니다.

○ **학부모 확인**

○ **주최**　　　　　　　　행복한 우리집

※ 시험이 시작되기 전까지 이 페이지를 넘기지 마세요.

분수의 곱셈

1 정사각형의 둘레를 구하시오.

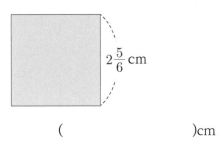

$2\frac{5}{6}$ cm

(   )cm

2 ☐ 안에 들어갈 수 있는 자연수는 모두 몇 개인지 구하시오.

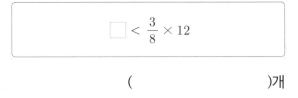

$$\square < \frac{3}{8} \times 12$$

(   )개

3 어떤 수 ㉠은 $\frac{6}{7}$의 $\frac{11}{18}$입니다. ㉠의 $\frac{3}{4}$은 얼마인지 구하시오.

(   )

4 수 카드 3장을 모두 한 번씩만 사용하여 대분수를 만들려고 합니다. 만들 수 있는 가장 큰 대분수와 가장 작은 대분수의 곱을 구하시오.

3 4 9

(   )

5 1시간에 150km를 가는 기차를 타고 같은 빠르기로 3시간 20분 동안 간다면 몇 km를 갈 수 있는지 구하시오.

(   )km

6 물통에 물이 $\frac{9}{16}$ L 담겨 있습니다. 물통에 구멍이 나서 담긴 물의 양의 $\frac{2}{3}$만큼 새어 나갔을 때, 물통에 남은 물은 모두 몇 L인지 구하시오.

(   )L

7 ☐ 안에 들어갈 수 있는 가장 작은 자연수를 구하시오.

$$3\frac{1}{4} \times 2\frac{2}{5} > 7\frac{4}{\square}$$

(   )

8 어떤 수에 $\frac{1}{3}$을 곱해야 할 것을 잘못하여 뺐더니 $4\frac{2}{3}$가 되었습니다. 바르게 계산한 값을 구하시오.

(   )

9 한 변의 길이가 8cm인 정사각형이 있습니다. 이 정사각형의 각 변의 길이를 $\frac{5}{12}$배 하여 새로운 정사각형을 만들 때, 새로운 정사각형의 넓이를 구하시오.

(   )cm²

10 영선이는 어제 소설책 한 권의 $\frac{5}{8}$를 읽었고, 오늘은 어제 읽고 난 나머지의 $\frac{2}{3}$를 읽었습니다. 소설책 한 권이 120쪽일 때, 영선이가 어제와 오늘 읽고 남은 책은 모두 몇 쪽인지 구하시오.

(   )쪽

11 수 카드 6장을 모두 한 번씩만 사용하여 3개의 진분수를 만들어 곱하려고 합니다. 계산 결과가 가장 클 때의 곱은 얼마인지 구하시오.

| 3 | 4 | 5 | 7 | 8 | 9 |

(   )

12 1시간에 $4\frac{3}{8}$초씩 느려지는 시계가 있습니다. 이 시계를 오늘 오전 6시에 정확하게 맞추어 놓았습니다. 내일 오전 6시에 이 시계가 가리키는 시각은 오전 몇 시 몇 분 몇 초인지 구하시오.

오전 (   )시 (   )분 (   )초

13 수직선에서 $2\frac{5}{6}$와 $11\frac{7}{18}$ 사이를 7등분한 것입니다. □ 안에 알맞은 수를 구하시오.

$2\frac{5}{6}$ □ $11\frac{7}{18}$

(   )

14 16m 높이에서 공을 아래로 떨어뜨렸습니다. 공이 땅에 닿으면 떨어진 높이의 $\frac{3}{4}$만큼 위로 튀어 오른다고 합니다. 공이 첫 번째로 땅에 닿았을 때부터 네 번째로 땅에 닿을 때까지 움직인 거리를 구하시오.

(   )m

15 정사각형의 가로를 처음 길이의 $\frac{2}{3}$만큼 줄이고, 세로를 처음 길이의 $\frac{11}{16}$만큼 늘여서 새로운 직사각형을 만들었습니다. 이 직사각형의 넓이는 처음 정사각형의 넓이의 몇 배인지 구하시오.

(   )배

16 다음과 같이 두 저울이 수평을 이루고 있습니다. 주황색 공 1개의 무게가 $7\frac{1}{12}$ g일 때, 검은색 공 10개의 무게를 구하시오. (단, 같은 색 공의 무게는 각각 같습니다.)

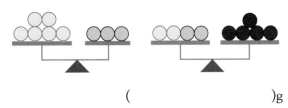

( )g

17 다음 곱셈식의 계산 결과가 자연수일 때, □ 안에 들어갈 수 있는 자연수 중 가장 작은 수를 구하시오.

$$\frac{4}{7} \times \square \frac{1}{13} \times 3\frac{1}{4}$$

( )

18 어떤 일을 하는데 동생이 혼자서 하면 8시간이 걸리고, 형이 혼자서 하면 6시간이 걸립니다. 이 일을 두 사람이 함께 2시간 동안 하면 남은 일의 양은 전체의 몇 분의 몇인지 구하시오. (단, 두 사람이 1시간 동안 하는 일의 양은 일정합니다.)

( )

19 다음과 같이 규칙에 따라 분수를 늘어놓았습니다. 첫 번째 분수부터 75번째 분수까지 모두 곱하면 얼마인지 구하시오.

$$\frac{1}{6}, \frac{6}{11}, \frac{11}{16}, \frac{16}{21}, \cdots\cdots$$

( )

20 두 분수 $3\frac{5}{7}$, $10\frac{5}{6}$ 중 어느 것에 곱하여도 그 계산 결과가 자연수가 되게 하는 가장 작은 기약분수를 구하시오.

( )

❸ 합동과 대칭

○ **날짜**

○ **이름**

○ **배점** 단답형 20문제 100점(각 문제는 5점씩입니다.)

○ **평가 시간** 45분

○ **맞은 개수** /20

○ **예상 고등수학 등급**

1등급	90점 이상	2등급	80점 이상	3등급	70점 이상
4등급	60점 이상	5등급	50점 이상	6등급	50점 미만

※ 예를 들어 65점은 4등급, 80점은 2등급입니다.

○ **학부모 확인**

○ **주최** 행복한 우리집

※ 시험이 시작되기 전까지 이 페이지를 넘기지 마세요.

1 삼각형 ㄱㄴㄷ과 삼각형 ㅁㄹㄷ은 서로 합동입니다. 삼각형 ㄱㄷㅁ의 둘레는 몇 cm인지 구하시오.

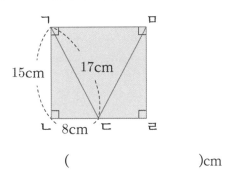

(   )cm

2 직선 ㅁㅂ을 대칭축으로 하는 선대칭도형입니다. □ 안에 알맞은 수를 구하시오.

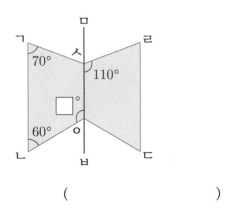

(   )

3 점 ㅂ을 대칭의 중심으로 하는 점대칭도형입니다. 삼각형 ㄹㅅㄷ의 둘레는 몇 cm인지 구하시오.

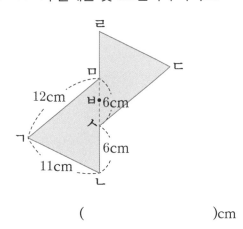

(   )cm

4 다음 중 선대칭도형인 숫자들을 한 번씩만 사용하여 만들 수 있는 두 자리 수 중 가장 큰 수와 가장 작은 수의 합을 구하시오.

0 1 2 3 6 7 8 9

(   )

5 삼각형 ㄱㄴㄹ과 삼각형 ㄹㄷㄱ은 서로 합동입니다. 각 ㅁㄹㄷ은 몇 도인지 구하시오.

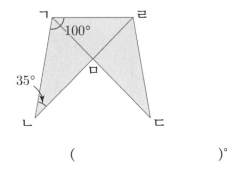

(   )°

6 삼각형 ㄱㄴㄷ과 삼각형 ㄹㅁㅂ은 서로 합동입니다. 각 ㄱㄴㄷ은 몇 도인지 구하시오.

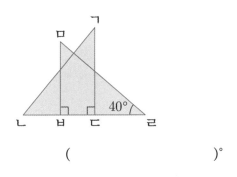

(   )°

7 점 ㅈ을 대칭의 중심으로 하는 점대칭도형의 둘레가 54cm입니다. 변 ㄹㅁ의 길이를 구하시오.

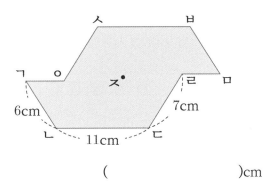

( )cm

8 직선 ㄱㄴ을 대칭축으로 하는 선대칭도형을 만들려고 합니다. 만든 선대칭도형의 둘레는 몇 cm인지 구하시오.

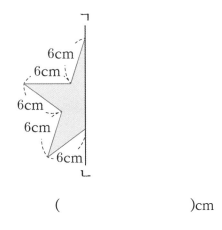

( )cm

9 삼각형 ㄱㄴㄷ과 삼각형 ㄹㄱㅁ이 서로 합동일 때, 사각형 ㄱㄴㄷㄹ의 넓이를 구하시오.

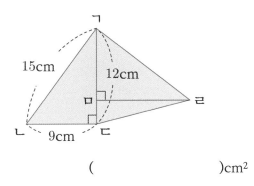

( )cm²

10 다음과 같이 직사각형 모양의 종이를 접었을 때, 삼각형 ㄱㄴㅂ과 삼각형 ㄷㅁㅂ은 서로 합동입니다. 삼각형 ㄱㄴㅂ의 넓이를 구하시오.

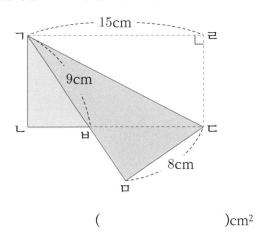

( )cm²

11 다음 중 선대칭도형은 되고 점대칭도형은 안 되는 알파벳은 모두 몇 개인지 구하시오.

A C E X H J O W Z

( )개

12 다음과 같이 직사각형 모양의 종이를 접었을 때, 각 ㄱㅂㄹ은 몇 도인지 구하시오.

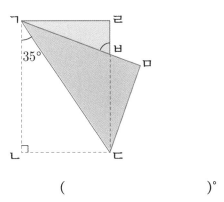

( )°

13 원의 중심 ㅇ을 대칭의 중심으로 하는 점대칭도형입니다. 각 ㅇㄹㄷ은 몇 도인지 구하시오.

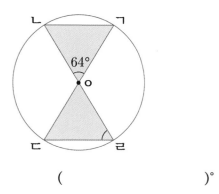

(   )°

14 삼각형 ㄱㄴㄷ을 시계 반대 방향으로 20° 회전하였더니 삼각형 ㄱㄹㅁ이 되었습니다. 각 ㄱㅂㄹ은 몇 도인지 구하시오.

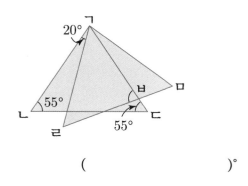

(   )°

15 삼각형 ㄱㄴㄷ의 세 변을 각각 대칭축으로 하여 선대칭도형을 그릴 때, 가장 둘레가 긴 선대칭도형의 둘레를 구하시오.

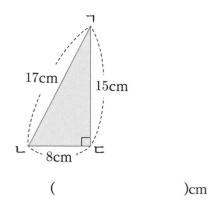

(   )cm

16 다음 숫자를 사용하여 **9 9 6 6**과 같이 점대칭이 되는 네 자리 수를 만들려고 합니다. 만들 수 있는 수는 모두 몇 개인지 구하시오.(단, 같은 숫자를 여러 번 사용할 수 있습니다.)

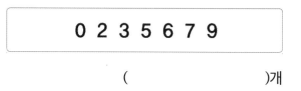

(   )개

17 이등변삼각형 모양의 종이를 다음과 같이 점 ㄱ이 변 ㄴㄷ 위에 오도록 접었습니다. 각 ㄹㅂㄷ은 몇 도인지 구하시오.

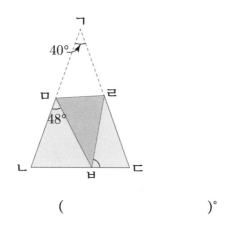

(   )°

18 다음은 서로 합동인 삼각형 ㄱㄴㄷ과 삼각형 ㄹㅁㅂ을 그린 것입니다. 직사각형 ㄱㄴㅂㄹ의 넓이가 96cm²일 때, 삼각형 ㅅㅁㄴ의 넓이를 구하시오.

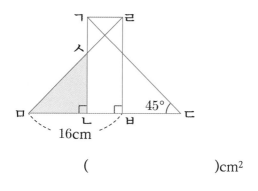

(   )cm²

19 점 ㅇ을 대칭의 중심으로 하는 점대칭도형입니다. 색칠한 부분의 넓이를 구하시오.

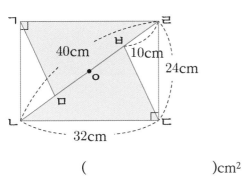

(   )cm²

20 다음과 같이 정사각형 모양의 종이를 접어 꼭짓점 ㄱ과 꼭짓점 ㄹ이 한 점 ㅅ에서 서로 맞닿을 때, 각 ㅁㅅㅂ은 몇 도인지 구하시오.

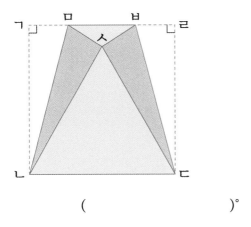

(   )°

4 소수의 곱셈

○ **날짜**

○ **이름**

○ **배점**   단답형 20문제 100점(각 문제는 5점씩입니다.)

○ **평가 시간**   45분

○ **맞은 개수**   /20

○ **예상 고등수학 등급**

1등급	90점 이상	2등급	80점 이상	3등급	70점 이상
4등급	60점 이상	5등급	50점 이상	6등급	50점 미만

※ 예를 들어 65점은 4등급, 80점은 2등급입니다.

○ **학부모 확인**

○ **주최**   행복한 우리집

※ 시험이 시작되기 전까지 이 페이지를 넘기지 마세요.

소수의 곱셈

정답과 풀이 96쪽

1 우유를 동생은 3L의 0.76배만큼 마셨고, 형은 4L의 0.64배만큼 마셨습니다. 두 사람이 마신 우유의 양의 차는 몇 L인지 구하시오.

( )L

2 ☐ 안에 들어갈 수 있는 가장 큰 자연수를 구하시오.

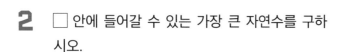

3.5 × 4.3 > ☐

( )

3 1시간에 6.2km씩 일정한 빠르기로 뛰었습니다. 같은 빠르기로 2시간 30분 동안 뛰어간 거리를 구하시오.

( )km

4 다음 평행사변형의 밑변을 0.84배, 높이를 1.7배 하여 새로운 평행사변형을 만들려고 합니다. 새로운 평행사변형의 넓이를 구하시오.

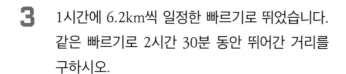

( )cm²

5 하은이와 채영이는 음료수 2L를 나누어 마시려고 합니다. 채영이는 음료수 전체의 0.45배만큼 마셨고, 하은이는 채영이의 1.2배만큼 마셨습니다. 하은이가 마신 음료수는 몇 L인지 구하시오.

( )L

6 다음 삼각형과 직사각형의 넓이의 합을 구하시오.

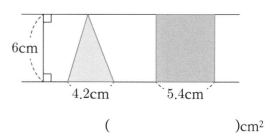

( )cm²

7 어떤 소수에 0.7을 곱해야 할 것을 잘못하여 더했더니 1.8이 되었습니다. 바르게 계산한 값을 구하시오.

( )

8 수 카드 3장을 한 번씩 모두 사용하여 다음 곱셈식을 만들려고 합니다. 곱이 가장 작은 곱셈식을 만들어 계산하시오.

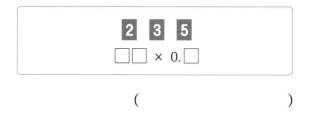

2 3 5

☐☐ × 0.☐

( )

9 213 × 56 = 11928임을 이용하여 ㉠은 ㉡의 몇 배인지 구하시오.

$$21.3 \times 5.6 = ㉠$$
$$2.13 \times 0.56 = ㉡$$

( )배

10 수 카드 4장을 한 번씩 모두 사용하여 다음 곱셈식을 만들려고 합니다. 곱이 가장 큰 곱셈식을 만들어 계산하시오.

1 4 7 9

□.□ × □.□

( )

11 직선 도로의 양쪽에 처음부터 끝까지 은행나무 40개를 17.8m 간격으로 심었습니다. 이 도로의 길이는 몇 m인지 구하시오.(단, 은행나무의 두께는 생각하지 않습니다.)

( )m

12 길이가 6.3m인 끈 14개를 3.8m씩 겹쳐 한 줄로 길게 이어 붙였습니다. 이어 붙인 끈의 전체 길이를 구하시오.

( )m

13 버스가 1km를 달리는 데 0.08L의 휘발유를 사용합니다. 이 버스가 1시간에 65km를 가는 빠르기로 2시간 30분 동안 달리고 남은 휘발유가 15L일 때, 출발하기 전 버스에 들어 있던 휘발유는 몇 L인지 구하시오.

( )L

14 가로가 30.5m, 세로가 5m인 직사각형 모양의 벽에 페인트를 칠하려고 합니다. 벽의 0.6배만큼은 빨간색으로 칠하고, 나머지의 0.9배만큼은 파란색으로 칠했습니다. 파란색으로 칠한 부분의 넓이를 구하시오.

( )m²

15 책이 가득 들어 있는 상자의 무게를 재어 보니 14.8kg이었습니다. 이 상자에서 책의 $\frac{1}{6}$을 빼낸 후 다시 무게를 재어 보니 12.9kg이었습니다. 빈 상자의 무게를 구하시오.

( )kg

16 12m 높이에서 공을 아래로 떨어트렸습니다. 공이 땅에 닿으면 떨어진 높이의 0.65배만큼 위로 튀어 오른다고 할 때, 공이 두 번째로 튀어 오른 높이를 구하시오.

( )m

17 일본 돈 100엔화가 한국 돈 903.4원이고, 한국 돈을 일본 돈 100엔화로 바꾸는 데 수수료가 103.1원 든다고 합니다. 일본 돈 1600엔화로 바꾸려면 한국 돈으로 얼마가 필요한지 구하시오.

(   )원

18 지표면에서 높이가 1km씩 올라갈 때마다 기온이 7℃씩 떨어집니다. 지표면에서의 기온이 21.7℃일 때, 높이가 1460m인 산 정상에서 기온을 재면 몇 ℃인지 구하시오.

(   )℃

19 1시간에 서영이는 2.8km를 걷고, 동생은 1.6km를 걷습니다. 원 모양의 도로를 두 사람이 같은 지점에서 동시에 출발하여 서로 반대 방향으로 각각 일정한 빠르기로 걸으면 1시간 30분 후에 만난다고 합니다. 이 도로의 길이는 몇 km인지 구하시오.

(   )km

20 기호 ◉에 대하여 ㉠ ◉ ㉡ = ㉠ + ㉡ × ㉡이라고 약속할 때, ☐ 안에 알맞은 수를 구하시오.

$$(\square \circledcirc 0.5) \circledcirc 0.7 = 3.04$$

(   )

5 직육면체

○ 날짜

○ 이름

○ 배점　　　　　단답형 20문제 100점(각 문제는 5점씩입니다.)

○ 평가 시간　　　　　　　　　45분

○ 맞은 개수　　　　　　　　　/20

○ 예상 고등수학 등급

1등급	90점 이상	2등급	80점 이상	3등급	70점 이상
4등급	60점 이상	5등급	50점 이상	6등급	50점 미만

※ 예를 들어 65점은 4등급, 80점은 2등급입니다.

○ 학부모 확인

○ 주최　　　　　　　　　　행복한 우리집

※ 시험이 시작되기 전까지 이 페이지를 넘기지 마세요.

1 직육면체에서 면 ㄱㄴㄷㄹ과 수직인 면은 모두 몇 개인지 구하시오.

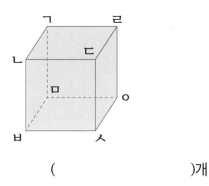

( )개

2 정육면체의 면과 모서리의 수의 합을 구하시오.

( )개

3 직육면체에서 면 ㄴㅂㅅㄷ과 평행한 면의 모든 모서리의 길이의 합을 구하시오.

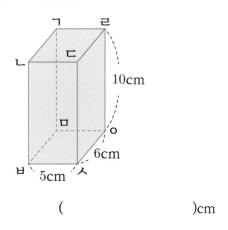

( )cm

4 정육면체에서 보이지 않는 모서리의 길이의 합은 몇 cm인지 구하시오.

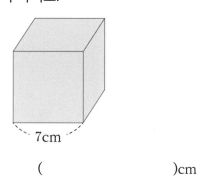

( )cm

5 직육면체에서 면 ㄱㄴㅂㅁ과 면 ㄴㅂㅅㄷ에 동시에 수직인 면은 모두 몇 개인지 구하시오.

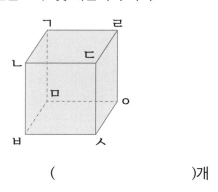

( )개

6 다음 직육면체와 정육면체의 모든 모서리의 길이의 합이 같을 때, ☐ 안에 알맞은 수를 구하시오.

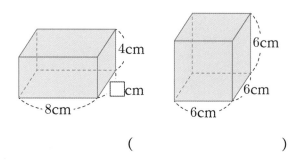

( )

7 어떤 직육면체를 위, 앞, 옆에서 본 모양을 그린 것입니다. ☐ 안에 알맞은 수를 구하시오.

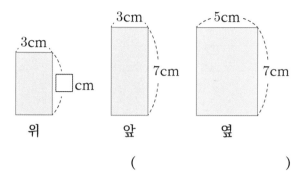

위　　앞　　옆

( )

10 정육면체의 전개도에서 색칠한 부분의 넓이는 몇 cm²인지 구하시오.

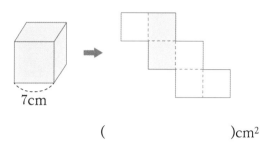

( )cm²

8 직육면체의 모든 모서리의 길이의 합이 180cm일 때, ☐ 안에 알맞은 수를 구하시오.

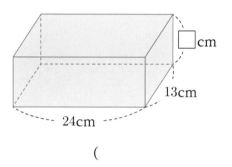

( )

11 정육면체에서 보이는 모서리의 길이의 합이 18cm일 때, 정육면체의 모든 모서리의 길이의 합은 몇 cm인지 구하시오.

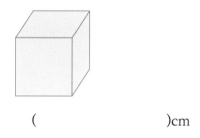

( )cm

9 직육면체 모양의 상자를 끈으로 팽팽하게 묶었습니다. 사용한 끈의 길이를 구하시오.(단, 매듭의 길이는 생각하지 않습니다.)

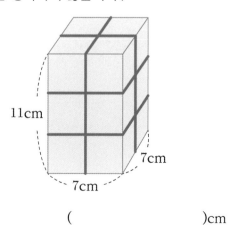

( )cm

12 정육면체의 전개도를 접었을 때, 선분 ㅍㅌ과 맞닿는 선분을 구하시오.

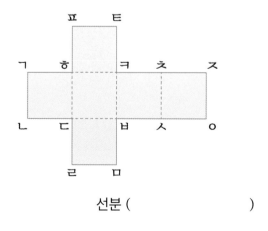

선분 ( )

13 다음 직육면체에서 면 ㄷㅅㅇㄹ과 수직인 모서리의 길이의 합은 몇 cm인지 구하시오.

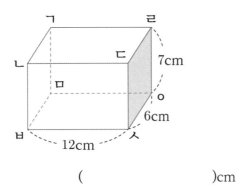

( )cm

14 각 면에 1부터 6까지 숫자가 적혀 있는 정육면체가 있습니다. 이 정육면체를 서로 다른 방향에서 보았더니 다음과 같을 때, 4가 적혀 있는 면과 마주 보는 면에 적혀 있는 숫자를 구하시오.

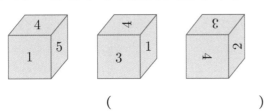

( )

15 다음 전개도를 접었을 때 만든 직육면체에서 점 ㄱ과 점 ㄴ 사이의 거리는 몇 cm인지 구하시오.

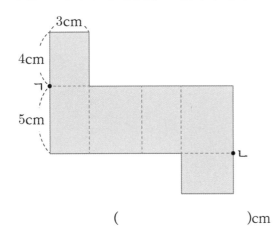

( )cm

16 직육면체의 모든 모서리의 길이의 합이 116cm일 때, 다음 전개도의 둘레를 구하시오.

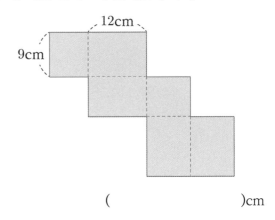

( )cm

17 다음 정육면체에 2개의 선분 ㉠, ㉡을 그었을 때 선분 ㉠과 선분 ㉡ 중 길이가 더 긴 선분을 구하시오.

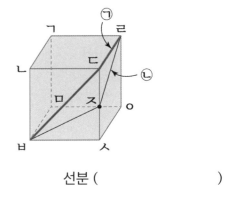

선분 ( )

18 다음 직육면체의 전개도를 둘레가 가장 짧게 되도록 그리려고 합니다. 전개도의 둘레는 몇 cm인지 구하시오.

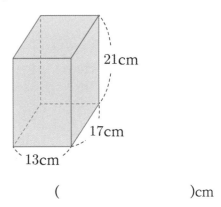

( )cm

19 마주 보는 면의 눈의 수의 합이 7인 주사위 3개가 있습니다. 다음과 같이 주사위가 서로 맞닿은 면의 눈의 수의 합이 8이 되도록 한 줄로 놓았을 때, 가장 왼쪽에 있는 주사위의 색칠한 면의 눈의 수를 구하시오.

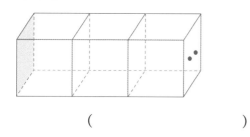

(   )

20 직육면체 모양의 상자에 3개의 끈을 팽팽하게 묶었습니다. 주황색 끈의 길이가 88cm, 회색 끈의 길이가 70cm, 검은색 끈의 길이가 78cm일 때 이 상자의 모든 모서리의 길이의 합을 구하시오.(단, 매듭의 길이는 생각하지 않습니다.)

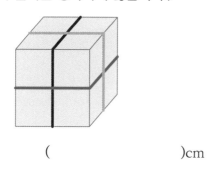

(   )cm

6 평균과 가능성

○ **날짜**

○ **이름**

○ **배점** 단답형 20문제 100점(각 문제는 5점씩입니다.)

○ **평가 시간** 45분

○ **맞은 개수** /20

○ **예상 고등수학 등급**

1등급	90점 이상	2등급	80점 이상	3등급	70점 이상
4등급	60점 이상	5등급	50점 이상	6등급	50점 미만

※ 예를 들어 65점은 4등급, 80점은 2등급입니다.

○ **학부모 확인**

○ **주최** 행복한 우리집

※ 시험이 시작되기 전까지 이 페이지를 넘기지 마세요.

1 영지가 1주일 동안 휴대전화를 사용한 시간을 조사해 보니 하루에 평균 2시간 40분을 사용했습니다. 영지가 1주일 동안 휴대전화를 사용한 시간은 모두 몇 분인지 구하시오.

(   )분

2 형균이는 3일 동안 평균 공부 시간을 50분으로 정했습니다. 3일째에 공부를 끝낸 시각은 오후 몇 시 몇 분인지 구하시오.

공부 시간

	시작 시간	끝난 시간
1일	오후 5:30	오후 6:30
2일	오후 4:10	오후 4:50
3일	오후 5:50	

오후 (   )시 (   )분

3 1부터 6까지의 수가 적힌 주사위를 던졌을 때, 주사위의 눈의 수가 3 이하로 나올 가능성을 수로 표현하시오.

(   )

4 주하와 서정이는 1단원부터 3단원까지 단원 평가 점수의 평균이 같습니다. 이때 주하의 2단원 단원 평가 점수를 구하시오.

단원 평가 점수

	1단원	2단원	3단원
주하의 점수(점)	90		75
서정이의 점수(점)	82	90	68

(   )점

5 현정이는 자전거를 타고 처음 1시간 30분 동안 6km를 갔고, 다음 2시간 30분 동안 10km를 갔습니다. 현정이가 자전거를 타고 1시간 동안 간 거리의 평균은 몇 km인지 구하시오.

(   )km

6 5일 동안 공부 시간을 나타낸 표입니다. 5일 동안 공부 시간의 평균이 52분일 때, 공부를 가장 많이 한 요일을 구하시오.

공부 시간

요일	월	화	수	목	금
시간(분)	51	49		57	53

(   )요일

7 6반 남학생 12명의 몸무게의 평균은 54kg이고, 여학생 8명의 몸무게의 평균은 49kg입니다. 6반 전체 학생의 몸무게의 평균은 몇 kg인지 구하시오.

( )kg

8 지희가 5일 동안 줄넘기를 한 기록을 나타낸 표입니다. 5일째에 줄넘기를 더 많이 해서 1일부터 4일까지 줄넘기 개수의 평균보다 전체 평균을 3개 더 높이려고 합니다. 지희는 5일째에 줄넘기를 몇 개 해야 하는지 구하시오.

줄넘기 기록

일	1일	2일	3일	4일	5일
개수(개)	60	72	58	54	

( )개

9 서로 다른 동전 2개를 동시에 던졌을 때, 두 동전의 서로 같은 면이 나올 가능성을 수로 표현하시오.

( )

10 정연이네 반 학생은 모두 33명이고 그중에서 여학생은 15명입니다. 정연이네 반 전체 학생의 영어 시험 점수의 평균은 86점이고 남학생의 영어 시험 점수의 평균은 81점일 때, 여학생의 영어 시험 점수의 평균을 구하시오.

( )점

11 미술관의 연도별 관람객 수를 나타낸 표입니다. 2019년부터 2022년까지의 관람객 수의 평균이 2019년부터 2021년까지의 관람객 수의 평균보다 100명이 많다면, 2022년의 관람객 수는 몇 명인지 구하시오.

연도별 관람객 수

연도	2019	2020	2021	2022
수(명)	8100	7300	5600	

( )명

12 태수, 우석, 혜린, 영진 네 사람이 국어 시험을 봤습니다. 태수의 점수는 우석이보다 1점 더 높고, 혜린이의 점수는 태수보다 2점 더 높고, 영진이의 점수는 우석이와 같습니다. 태수의 점수가 88점일 때, 네 사람의 국어 시험 점수의 평균을 구하시오.

( )점

13 재민이네 반 학생은 모두 25명이고 수학 시험 점수의 평균은 80점입니다. 수학 시험 점수가 100점인 학생이 5명일 때, 나머지 학생들의 수학 시험 점수의 평균을 구하시오.

( )점

14 형식이의 단원 평가 점수를 나타낸 표입니다. 1단원부터 5단원까지 점수의 평균은 85점이고 2단원 점수가 4단원 점수보다 4점이 더 높을 때, 2단원의 단원 평가 점수를 구하시오.

단원 평가 점수

단원	1단원	2단원	3단원	4단원	5단원
점수(점)	82		75		92

( )점

15 연극 동아리 회원들의 나이를 나타낸 표입니다. 회원 1명이 나가서 전체 회원의 평균 나이가 1살 줄었을 때, 나간 회원은 누구인지 구하시오.

연극 동아리 회원의 나이

이름	세정	예진	희영	진우	혜원	경수
나이(살)	13	17	18	12	21	15

( )

16 선우가 영어 말하기 대회에 나갔습니다. 심사위원 10명에게 받은 점수의 평균은 19점이고, 가장 높은 점수와 가장 낮은 점수를 뺀 점수의 평균은 17점입니다. 선우가 받은 점수 중 가장 높은 점수가 가장 낮은 점수의 2배일 때, 가장 낮은 점수를 구하시오.

( )점

17 국어와 수학 점수의 평균은 83점, 수학과 영어 점수의 평균은 71점, 영어와 국어 점수의 평균은 86점입니다. 국어, 수학, 영어 점수의 평균을 구하시오.

( )점

18 정윤이의 과목별 시험 점수 중에서 79점인 한 과목의 점수를 97점으로 잘못 보고 계산했더니 전체 과목의 평균이 87점이 되었습니다. 실제 정윤이의 전체 과목의 평균은 85점일 때, 정윤이가 시험을 본 과목은 모두 몇 개인지 구하시오.

( )개

19 지연이네 반 학생 20명은 똑같이 돈을 모아서 체육관을 1시간 빌리기로 했습니다. 20명 중 8명이 참석하지 못해 나머지 학생들이 한 사람당 돈을 2000원씩 더 내게 되었습니다. 체육관을 1시간 빌리는 데 얼마가 필요한지 구하시오.

( )원

20 주머니 안에 파란색 공과 빨간색 공이 모두 15개 들어 있습니다. 주머니에서 공 3개를 꺼냈더니 파란색 공 2개, 빨간색 공 1개였습니다. 지금 주머니에서 공 1개를 꺼낼 때 파란색 공과 빨간색 공이 나올 가능성이 같아졌다면 처음 주머니에 들어 있던 파란색 공은 몇 개인지 구하시오.

( )개

2학기말 평가

○ 날짜

○ 이름

○ 배점　　　　　단답형 20문제 100점(각 문제는 5점씩입니다.)

○ 평가 시간　　　　　　　　45분

○ 맞은 개수　　　　　　　　/20

○ 예상 고등수학 등급

1등급	90점 이상	2등급	80점 이상	3등급	70점 이상
4등급	60점 이상	5등급	50점 이상	6등급	50점 미만

※ 예를 들어 65점은 4등급, 80점은 2등급입니다.

○ 학부모 확인

○ 주최　　　　　　　　　행복한 우리집

※ 시험이 시작되기 전까지 이 페이지를 넘기지 마세요.

1 사과 1569개를 상자에 나눠 담으려고 합니다. 1 상자에 사과를 100개씩 담을 수 있을 때, 최소 몇 상자가 필요한지 구하시오.

(   )상자

2 삼각형 ㄱㄴㅁ과 삼각형 ㅁㄷㄹ이 서로 합동일 때, 사각형 ㄱㄴㄷㄹ의 둘레를 구하시오.

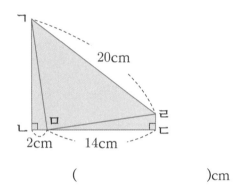

(   )cm

3 1시간에 61.74km를 달리는 버스가 있습니다. 이 버스가 3시간 30분 동안 달린 거리를 구하시오.

(   )km

4 성민이의 단원 평가 점수를 나타낸 성적표입니다. 네 과목 점수의 평균이 85점일 때, 사회 과목의 점수를 구하시오.

단원 평가 점수

과목	국어	수학	영어	사회
점수(점)	87	93	75	

(   )점

5 직육면체의 모든 모서리의 길이의 합을 구하시오.

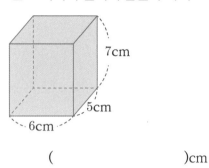

(   )cm

6 ☐ 안에 들어갈 수 있는 자연수 중에서 가장 큰 수를 구하시오.

$$1\frac{2}{7} \times 3\frac{1}{6} > \square$$

(   )

7 독서 동아리 회원 4명의 나이는 각각 17살, 12살, 16살, 19살입니다. 새로운 회원 1명이 들어와서 평균 나이가 1살 많아졌을 때, 새로운 회원의 나이를 구하시오.

(   )살

8 삼각형 ㄱㄴㄷ과 삼각형 ㄹㅁㄷ이 서로 합동일 때, 각 ㄱㄷㅁ은 몇 도인지 구하시오.

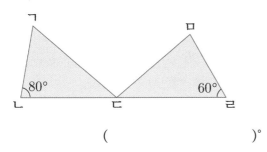

( )°

9 어떤 수에 $3\frac{3}{7}$을 곱해야 할 것을 잘못하여 뺐더니 $1\frac{1}{4}$이 되었습니다. 바르게 계산하면 얼마인지 구하시오.

( )

10 1쪽에 20문제씩 있는 문제집 4쪽과 1쪽에 8문제씩 있는 문제집 5쪽을 2시간 동안 모두 풀었습니다. 1문제를 푸는 데 걸린 시간은 평균 몇 분인지 구하시오.

( )분

11 다음 3장의 수 카드를 모두 1번씩만 사용하여 만들 수 있는 가장 큰 대분수와 가장 작은 대분수의 곱을 구하시오.

( )

12 정사각형의 가로를 $\frac{7}{12}$만큼 늘리고, 세로를 $\frac{3}{5}$만큼 줄여서 새로운 직사각형을 만들었습니다. 새로 만든 직사각형의 넓이는 처음 정사각형의 넓이의 몇 분의 몇인지 구하시오.

( )

13 각 면에 1부터 6까지 숫자가 적혀 있는 정육면체를 서로 다른 방향에서 본 모양입니다. 숫자 1이 적혀 있는 면과 마주 보는 면에 적혀 있는 숫자를 구하시오.

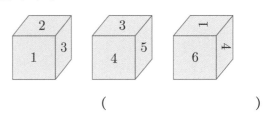

( )

14 다음과 같이 직사각형 모양의 종이를 접었을 때, 삼각형 ㄱㅂㅁ과 삼각형 ㄷㅂㄹ이 합동입니다. 삼각형 ㄱㄷㄹ의 넓이를 구하시오.

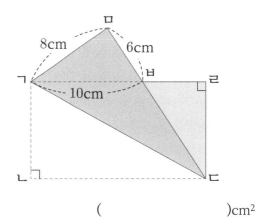

( )cm²

15 1시간에 $3\dfrac{5}{12}$초씩 빨리 가는 시계가 있습니다.

이 시계를 오늘 오전 6시에 정확하게 맞추어 놓았다면 2일 뒤 오전 6시에 이 시계가 가리키는 시각은 오전 몇 시 몇 분 몇 초인지 구하시오.

오전 (   )시 (   )분 (   )초

16 점 ㅈ을 대칭의 중심으로 하는 점대칭도형입니다. 이 점대칭도형의 둘레를 구하시오.

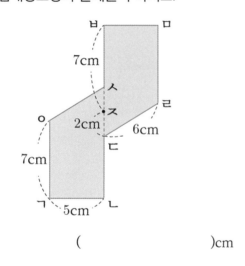

(   )cm

17 지원이의 과목별 단원 평가 성적 중 국어 과목의 점수를 78점으로 잘못 보고 계산하였더니 전체 과목의 평균이 86점이 되었습니다. 단원 평가를 본 과목은 모두 10개이며 실제 지원이의 전체 과목의 평균은 87점일 때, 국어 과목의 실제 점수를 구하시오.

(   )점

18 1.92m 높이에서 공을 아래로 떨어트렸습니다. 공이 땅에 닿으면 떨어진 높이의 $\dfrac{3}{4}$만큼 위로 튀어 오른다고 할 때, 튀어 오른 높이가 처음으로 90cm 이하가 되는 것은 공이 몇 번째로 튀어 오를 때인지 구하시오.

(   )번째

19 다음을 모두 만족하는 자연수는 몇 개인지 구하시오.

- 올림하여 백의 자리까지 나타내면 3600입니다.
- 버림하여 백의 자리까지 나타내면 3500입니다.
- 반올림하여 백의 자리까지 나타내면 3500입니다.

(   )개

20 다음 숫자를 사용하여 1 8 1과 같이 점대칭이 되는 세 자리 수를 만들려고 합니다. 모두 몇 개 만들 수 있는지 구하시오.(단, 같은 숫자를 여러 번 사용할 수 있습니다.)

$$1\ 2\ 3\ 4\ 5\ 6\ 7\ 8\ 9$$

(   )개

초등수학 레벨 테스트

++++++++++++++++++++++++++

풀이와 정답

1 자연수의 혼합 계산

1	16	2	27	3	33	4	22명
5	1600원	6	77	7	11	8	71
9	45살	10	1660g	11	5개	12	112
13	25g	14	84	15	60명	16	5000원
17	12kg	18	50분	19	5개	20	11749m

01 $9 \div 3 + 5 \times 6 - 17 = 3 + 30 - 17 = 33 - 17 = 16$ 입니다.

02 $(17 + 28) \div 5 + 3 \times 6 = 45 \div 5 + 3 \times 6 = 9 + 18 = 27$입니다.

03 $\square - 4 \times 6 + 7 = 16$, $\square - 24 + 7 = 16$, $\square - 24 = 9$, $\square = 33$입니다.

04 (놀이공원에 간 학생 수)
= (1반 학생 수) − (영화관에 간 학생 수)
+ (놀이공원에 함께 간 3반 학생 수)
$= 26 - 9 \times 2 + 14 = 26 - 18 + 14$
$= 8 + 14 = 22$(명)입니다.

05 (거스름돈)
$= 5000 -$ (아이스크림 2개와 과자 4개의 값)
$= 5000 - (700 \times 2 + 1500 \div 3 \times 4)$
$= 5000 - (1400 + 500 \times 4)$
$= 5000 - (1400 + 2000)$
$= 5000 - 3400 = 1600$(원)입니다.

06 어떤 수를 $\square$라 하면 $(\square - 17) \div 4 + 11 = 26$, $(\square - 17) \div 4 = 15$, $\square - 17 = 60$, $\square = 77$입니다.

07 계산 결과가 가장 크게 되려면 나누는 수가 가장 작아야 하므로 $\square + \square \div 3$입니다. $6 + 9 \div 3 = 6 + 3 = 9$ 또는 $9 + 6 \div 3 = 9 + 2 = 11$이므로 계산 결과가 가장 클 때의 값은 11입니다.

08 $6 \odot 7 = (6 + 7) \times 6 - 7 = 13 \times 6 - 7 = 78 - 7 = 71$입니다.

09 (아버지의 나이) = (동생의 나이) $\times 7 - 4$
$= (12 - 5) \times 7 - 4 = 7 \times 7 - 4 = 49 - 4$
$= 45$(살)입니다.

10 (빈 상자의 무게)
= (책 10권이 들어 있는 상자의 무게)
− (책 10권의 무게)
$= 4260 - (4260 - 2700) \div 6 \times 10$
$= 4260 - 1560 \div 6 \times 10$
$= 4260 - 260 \times 10 = 4260 - 2600 = 1660$(g)입니다.

11 $7 \times 4 - 27 \div 3 = 28 - 9 = 19$이므로 $19 > \square + 13$입니다. 따라서 $\square$ 안에 들어갈 수 있는 자연수는 6보다 작은 1, 2, 3, 4, 5로 모두 5개입니다.

12 어떤 수를 $\square$라 하면 잘못 계산한 식은 $(60 + \square) \div 4 = 23$이므로 $60 + \square = 92$, $\square = 32$입니다. 따라서 바르게 계산하면 $(60 - 32) \times 4 = 28 \times 4 = 112$입니다.

13 (주황색 구슬의 무게) $\times 6$
= (회색 구슬의 무게) $\times 3$이고,
(회색 구슬의 무게) $\times 5$
= (검은색 구슬의 무게) $\times 6$입니다.
(검은색 구슬의 무게)
= (회색 구슬의 무게) $\times 5 \div 6$
= {(주황색 구슬의 무게) $\times 6 \div 3$} $\times 5 \div 6$
$= (15 \times 6 \div 3) \times 5 \div 6$
$= 30 \times 5 \div 6$
$= 25$(g)입니다.

14 계산 결과 중 가장 큰 값은 $10 \times 8 + 6 - 4 \div 2$
$= 80 + 6 - 2 = 84$입니다.

15 (사탕만 좋아하는 학생)=305−156=149(명)
이고, (초콜릿만 좋아하는 학생)=271−156=
115(명)입니다.
(사탕도 초콜릿도 좋아하지 않는 학생)=(전체
학생)−(사탕만 좋아하는 학생+초콜릿만 좋아
하는 학생+사탕과 초콜릿을 모두 좋아하는 학
생)=480−(149+115+156)=60(명)입니다.

16 2시간 30분=150분이므로 30분의 5배입니다.
(한 사람이 내야 하는 돈)
=(2시간 30분 동안 자동차 1대의 주차비)×6÷9
=(1500×5)×6÷9=7500×6÷9
=5000(원)입니다.

17 (지구에서 잰 아버지의 몸무게)−(지구에서 잰
세정이와 지호의 몸무게의 합)
=15×6−(7×6+6×6)=90−(42+36)
=90−78=12(kg)입니다.

18 1시간 30분=90분이므로 10분의 9배입니다.
(걸어간 거리)=(집에서 박물관까지의 거리)−
(90분 동안 자동차를 탄 거리)
=138−15×9=3(km)입니다.
따라서 3km=3000m를 1분에 60m씩 걸어가
므로 (걸어간 시간)=3000÷60=50(분)입니다.

19 +,−,×,÷ 중 서로 다른 연산 2개를 선택하는 방법
은 (+,−),(+,×),(+,÷),(−,×),(−,÷),(×,÷)입
니다. 이 중에서 계산 결과가 자연수가 되는 경우
는 3+8−4=7, 3+8×4=35, 3+8÷4=5,
3−8÷4=1, 3×8+4=28, 3×8−4=20,
3×8÷4=6이므로 모두 7개 만들 수 있습니다.

20 이 기차는 1시간에 240km씩 가므로 1분에
240÷60=4(km)=4000(m)를 갑니다.
(터널의 길이)
=(기차가 3분 동안 간 거리)−(기차의 길이)
=4000×3−251=11749(m)입니다.

2 약수와 배수

1	3개	2	120	3	14	4	3자루
5	120cm	6	5월 5일	7	32	8	11
9	10번	10	420	11	16개	12	12번
13	148	14	233개	15	53살	16	10바퀴
17	48그루	18	238명	19	208	20	40

01 18의 약수는 1, 2, 3, 6, 9, 18이고 27의 약수는
1, 3, 9, 27입니다. 따라서 18과 27의 공약수는
1, 3, 9로 모두 3개입니다.

02 5와 8의 공배수는 5와 8의 최소공배수인 40의
배수와 같습니다. 따라서 40의 배수 중에서 가
장 작은 세 자리 수는 120입니다.

03 두 수를 모두 나누어떨어지게 하는 수 중에서
가장 큰 수는 두 수의 최대공약수입니다.

$$2\,\underline{)\,28\quad 42}$$
$$7\,\underline{)\,14\quad 21}$$
$$\,2\quad\;\; 3$$

따라서 최대공약수는 2×7=14입니다.

04

$$2\,\underline{)\,108\quad 72}$$
$$2\,\underline{)\,54\quad 36}$$
$$3\,\underline{)\,27\quad 18}$$
$$3\,\underline{)\,9\quad 6}$$
$$\,3\quad\; 2$$

최대공약수는 2×2×3×3=36입니다.
따라서 최대 36명의 학생에게 나누어 줄 수 있
고, 한 학생이 받는 연필의 수는 108÷36=3
(자루)입니다.

05 가장 작은 정사각형 모양의 한 변의 길이는 최
소공배수로 구합니다.

$$2 \overline{)\ 24 \quad 30}$$
$$3 \overline{)\ 12 \quad 15}$$
$$\quad 4 \quad\ 5$$

최소공배수는 $2 \times 3 \times 4 \times 5 = 120$입니다.
따라서 만든 정사각형 모양의 한 변의 길이는 120cm입니다.

06

$$3 \overline{)\ 6 \quad 9}$$
$$\quad 2 \quad 3$$

최소공배수는 $3 \times 2 \times 3 = 18$입니다.
따라서 두 사람은 18일마다 만나므로 바로 다음번에 만나는 날은 18일 후인 5월 5일입니다.

07 어떤 수를 ㉠이라 하면

$$8 \overline{)\ ㉠ \quad 40}$$
$$\quad ㉡ \quad 5$$

최소공배수는 $8 \times ㉡ \times 5 = 160$, $40 \times ㉡ = 160$, ㉡은 4입니다.
따라서 어떤 수는 $8 \times ㉡ = 8 \times 4 = 32$입니다.

08 $115 - 5 = 110$과 $49 - 5 = 44$는 각각 어떤 수로 나누면 나누어떨어집니다.

$$2 \overline{)\ 110 \quad 44}$$
$$11 \overline{)\ 55 \quad 22}$$
$$\quad 5 \quad\ 2$$

110과 44의 최대공약수는 $2 \times 11 = 22$이고 공약수는 1, 2, 11, 22이므로 어떤 수는 5보다 큰 공약수 중에서 가장 작은 수로 11입니다.

09

$$2 \overline{)\ 4 \quad 10}$$
$$\quad 2 \quad\ 5$$

최소공배수는 $2 \times 2 \times 5 = 20$이므로 두 버스는 20분마다 동시에 출발합니다. 따라서 두 버스가 오전 8시부터 오전 11시까지 동시에 출발하는 때는 오전 8시, 오전 8시 20분, 오전 8시 40분, 오전 9시, ……, 오전 11시로 모두 10번입니다.

10 ㉠과 ㉡을 여러 수의 곱으로 나타내었을 때, 두 수의 최대공약수인 2×5가 공통으로 들어 있어야 합니다.
따라서 □ 안에 알맞은 수는 5이므로 두 수의 최소공배수는 $2 \times 2 \times 3 \times 5 \times 7 = 420$입니다.

11

$$3 \overline{)\ 27 \quad 45}$$
$$3 \overline{)\ 9 \quad 15}$$
$$\quad 3 \quad\ 5$$

최대공약수는 $3 \times 3 = 9$이므로 가로등을 가장 적게 설치하려면 가로등 사이의 간격을 9m로 해야 합니다. 가로에 설치해야 하는 가로등은 $27 \div 9 = 3$에서 $3+1=4$(개)이고, 세로에 설치해야 하는 가로등은 $45 \div 9 = 5$에서 $5+1=6$(개)이고, 네 모퉁이에 설치해야 하는 가로등은 4개입니다. 따라서 필요한 가로등은 모두 $(4+6) \times 2 - 4 = 16$(개)입니다.

12 검은 바둑돌을 경수는 4의 배수 자리마다, 서연이는 6의 배수 자리마다 놓으므로 검은 바둑돌이 같이 놓이는 경우는 4와 6의 공배수 자리입니다.

$$2 \overline{)\ 4 \quad 6}$$
$$\quad 2 \quad 3$$

최소공배수는 $2 \times 2 \times 3 = 12$이고, $150 \div 12 = 12 \cdots 6$이므로 같은 자리에 검은 돌이 놓이는 경우는 모두 12번입니다.

13 어떤 수에서 4를 빼면 18과 24로 나누어집니다.

$$2 \overline{)\ 18 \quad 24}$$
$$3 \overline{)\ 9 \quad 12}$$
$$\quad 3 \quad\ 4$$

최소공배수는 $2 \times 3 \times 3 \times 4 = 72$이므로 (어떤 수 -4)가 될 수 있는 수는 18과 24의 공배수인 72, 144, ……입니다. 따라서 어떤 수가 될 수 있는 두 번째로 작은 수는 $144 + 4 = 148$입니다.

●●●

14 1부터 300까지 6의 배수는 $300 \div 6 = 50$(개)이고, 1부터 300까지 9의 배수는 $300 \div 9 = 33 \cdots 3$이므로 33개이고, 1부터 300까지 6과 9의 최소공배수인 18의 배수는 $300 \div 18 = 16 \cdots 12$이므로 16개입니다.

따라서 1부터 300까지의 자연수 중에서 6의 배수도 9의 배수도 아닌 수는 모두 $300 - (50 + 33 - 16) = 300 - 67 = 233$(개)입니다.

●●●

15 40에서 70 사이의 수 중 8의 배수는 40, 48, 56, 64입니다. 이 중에서 7을 더하여 5의 배수가 되는 수는 $48 + 7 = 55$이므로 올해 삼촌의 나이는 48살입니다. 따라서 5년 후 삼촌의 나이는 $48 + 5 = 53$(살)입니다.

●●●

16

$$3 \overline{)\begin{array}{cc} 15 & 24 \end{array}}$$
$$\begin{array}{cc} 5 & 8 \end{array}$$

15와 24의 최소공배수는 $3 \times 5 \times 8 = 120$입니다.

$$\begin{array}{r} 2 \overline{)\begin{array}{cc} 120 & 36 \end{array}} \\ 2 \overline{)\begin{array}{cc} 60 & 18 \end{array}} \\ 3 \overline{)\begin{array}{cc} 30 & 9 \end{array}} \\ \begin{array}{cc} 10 & 3 \end{array} \end{array}$$

15, 24, 36의 최소공배수는 $2 \times 2 \times 3 \times 10 \times 3 = 360$입니다. 톱니의 수가 360의 배수만큼 맞물려야 세 톱니바퀴가 처음 맞물렸던 자리에서 다시 만납니다.

따라서 ㉢톱니바퀴는 적어도 $360 \div 36 = 10$(바퀴)를 돌아야 합니다.

●●●

17

$$5 \overline{)\begin{array}{cc} 15 & 20 \end{array}}$$
$$\begin{array}{cc} 3 & 4 \end{array}$$

최소공배수는 $5 \times 3 \times 4 = 60$이므로 은행나무와 단풍나무는 60m 간격으로 겹칩니다. 도로의 처음과 끝에는 단풍나무만 심으므로 은행나무는 $480 \div 15 - 1 = 31$(그루) 심어야 하는데 이 중에서 단풍나무와 겹치는 부분은 $480 \div 60$

$- 1 = 7$(군데)입니다.

따라서 도로의 양쪽에 나무를 심어야 하므로 $(31 - 7) \times 2 = 48$(그루)가 필요합니다.

●●●●

18 참여한 사람 수에 2명을 더하면 4, 5, 6의 공배수입니다. 4, 5, 6의 최소공배수는 60이므로 (사람 수+2)가 될 수 있는 수는 60, 120, 180, 240, ……입니다.

따라서 운동회에 참여한 사람은 58, 118, 178, 238, …… 중에 200명보다 많고 250명보다 적어야 하므로 238명입니다.

●●●●

19 어떤 수에 2를 더하면 6과 5로 나누어집니다. 6과 5의 최소공배수는 30이므로 (어떤 수+2)가 될 수 있는 수는 30의 공배수 30, 60, 90, 120, 150, 180, 210, ……입니다.

따라서 어떤 수가 될 수 있는 수는 28, 58, 88, 118, 148, 178, 208, ……이므로 200에 가장 가까운 수는 208입니다.

●●●●

20

$$8 \overline{)\begin{array}{cc} ㉠ & ㉡ \end{array}}$$
$$\begin{array}{cc} ㉢ & ㉣ \end{array}$$

㉠ $= 8 \times ㉢$이고, ㉡ $= 8 \times ㉣$입니다.

최소공배수는 $8 \times ㉢ \times ㉣$이므로

$8 \times ㉢ \times ㉣ = 48$, ㉢ $\times ㉣ = 6$입니다.

㉢ $= 1$, ㉣ $= 6$일 때 ㉠ $= 8 \times 1 = 8$,

㉡ $= 8 \times 6 = 48$에서 ㉡ $- ㉠ = 40$입니다.

㉢ $= 2$, ㉣ $= 3$일 때 ㉠ $= 8 \times 2 = 16$,

㉡ $= 8 \times 3 = 24$에서 ㉡ $- ㉠ = 8$입니다.

따라서 ㉠ $= 16$, ㉡ $= 24$이므로 두 자연수의 합은 $16 + 24 = 40$입니다.

3 규칙과 대응

1	24000원	2	15살	3	9개	4	12개
5	10번	6	12	7	30개	8	오전 3시
9	여덟 번째	10	7cm	11	46개	12	20분
13	7개	14	24	15	8병	16	90cm
17	800m	18	178분	19	18분	20	18km

01 (입장객 수)$\times 3000 =$(입장료)입니다.
따라서 입장객이 8명일 때, 입장료는 8×3000
$= 24000$(원)입니다.

02 (남동생의 나이)$+ 3 =$(여동생의 나이)입니다.
따라서 남동생이 12살이 되면 여동생은 $12 + 3$
$= 15$(살)이 됩니다.

03 (사각형의 수)$+ 2 =$(원의 수)입니다. 따라서
사각형이 7개일 때, 원은 $7 + 2 = 9$(개)입니다.

04 (사탕의 수)$\div 4 =$(바구니의 수)입니다. 따라서
사탕 48개를 담으려면 필요한 바구니는 $48 \div 4$
$= 12$(개)입니다.

05 (조각의 수)$- 1 =$(자른 횟수)이므로 직사각형
모양의 종이 1장을 11조각으로 자르려면
$11 - 1 = 10$(번) 잘라야 합니다.

06 (동생이 답한 수)$- 5 =$(형이 말한 수)입니다.
동생이 17이라고 답할 때, 형이 말한 수는
$17 - 5 = 12$입니다.

07 (수 카드에 적힌 수)$+ 3 =$(사각형 조각의 수)입
니다. 따라서 수 카드에 적힌 수가 27일 때, 필
요한 사각형 조각은 $27 + 3 = 30$(개)입니다.

08 (서울의 시각)$- 8 =$(런던의 시각)입니다. 따라
서 서울의 시각이 오전 11시일 때, 런던의 시각
은 $11 - 8 = 3$이므로 오전 3시입니다.

09 (바둑돌의 수)$\div 4 =$(배열 순서)입니다. 따라서
바둑돌 32개로 만든 모양은 $32 \div 4 = 8$이므로
여덟 번째입니다.

10 $28 -$(양초가 탄 시간)$\div 7 \times 3 =$(남은 양초의
길이)입니다. 따라서 양초에 불을 붙인 지 49분
후에 남은 양초의 길이는 $28 - 49 \div 7 \times 3 =$
$28 - 7 \times 3 = 28 - 21 = 7$(cm)입니다.

11 $1 +$(정육각형의 수)$\times 5 =$(성냥의 수)입니다.
따라서 정육각형을 9개 만들 때, 필요한 성냥은
$1 + 9 \times 5 = 46$(개)입니다.

12 (받은 물의 양)$\div 2 =$(물을 받은 시간)입니다.
받은 물의 양이 40L이므로 물을 받은 시간은
$40 \div 2 = 20$(분)입니다.

13 매단 무게 추의 수를 ㉠개, 늘어난 용수철의 전
체 길이를 ㉡cm라 하면 $8 + ㉠ \times 3 = ㉡$입니다.
$㉡ = 29$이면 $8 + ㉠ \times 3 = 29$, $㉠ \times 3 = 21$,
$㉠ = 7$이므로 매단 무게 추는 모두 7개입니다.

14 (형이 말한 수)$\times 3 + 3 =$(동생이 답한 수)입니
다. 따라서 형이 7이라고 말할 때, 동생이 답한
수는 $7 \times 3 + 3 = 24$입니다.

15 식용유 1병의 무게는 $728 \div 8 = 91$(g)입니다.
식용유 182g당 가격이 2300원이므로 식용유 2
병의 가격은 2300원이고, 식용유 1병의 가격은
$2300 \div 2 = 1150$(원)입니다. 따라서 (식용유의
가격)$=$(식용유 병의 수)$\times 1150$이므로 9200원

으로 식용유를 모두 $9200 \div 1150 = 8$(병) 살 수 있습니다.

●●●

16 (정삼각형의 조각의 수)$\times 5 + 10 =$ (둘레)입니다. 따라서 정삼각형 조각을 16개 이어 붙인 도형의 둘레는 $16 \times 5 + 10 = 90$(cm)입니다.

●●●

17 지면으로부터 높이가 100m 높아질 때마다 기온은 $8 \div 4 = 2$(℃)씩 내려갑니다. 지면으로부터의 높이를 (㉠$\times 100$)m, 기온을 ㉡℃라 하면 $32 - 2 \times ㉠ = ㉡$입니다. ㉡$=16$일 때 $32 - 2 \times ㉠ = 16$, $2 \times ㉠ = 16$, $㉠ = 8$입니다.
따라서 기온이 16℃가 되는 지점은 지면으로부터 높이가 800m인 지점입니다.

●●●●

18 (걸리는 시간)$= 9 \times$(자른 횟수)$+ 4 \times$(쉰 횟수)입니다. 긴 철근 1개를 15도막으로 자를 때 자른 횟수는 14번이고, 쉰 횟수는 13번이므로 걸리는 시간은 $9 \times 14 + 4 \times 13 = 126 + 52 = 178$(분)입니다.

●●●●

19 (려원이가 걸은 시간)$\times 60 =$ (려원이가 걸은 거리)이므로 려원이가 학교에서 먼저 출발하여 12분 동안 걸은 거리는 $12 \times 60 = 720$(m)입니다. 주혜가 뛰어간 시간을 ㉠분, 려원이와 주혜 사이의 거리를 ㉡m라 하면 주혜가 1분마다 려원이보다 40m씩 더 가고 있으므로 $720 - 40 \times ㉠ = ㉡$입니다.
따라서 두 사람이 만나려면 ㉡$=0$이어야 하므로 $720 - 40 \times ㉠ = 0$, $40 \times ㉠ = 720$, $㉠ = 18$입니다.

●●●●

20 기차는 1분에 $15 \div 5 = 3$(km)씩 가므로 (기차가 간 시간)$=$(기차가 간 거리)$\div 3$이고, 버스는 1분에 $16 \div 8 = 2$(km)씩 가므로 (버스가 간 거리)$= 2 \times$(버스가 간 시간)입니다.

따라서 기차가 간 거리가 27km일 때 기차가 간 시간은 $27 \div 3 = 9$(분)이고, 9분 동안 버스가 간 거리는 $2 \times 9 = 18$(km)입니다.

4 약분과 통분

1	$\dfrac{3}{5}$	2	은채	3	6개	4	0.25
5	0.75	6	$\dfrac{24}{44}$	7	6조각	8	$\dfrac{29}{42}$
9	$\dfrac{21}{27}$	10	213	11	동생	12	36
13	7개	14	49	15	32개	16	$\dfrac{13}{20}$
17	$\dfrac{15}{27}$	18	$\dfrac{4}{7}$	19	$\dfrac{25}{30}$	20	7

●

01 (5학년 전체 학생 수)$= 72 + 48 = 120$(명)입니다. 따라서 $\dfrac{72}{120} = \dfrac{72 \div 24}{120 \div 24} = \dfrac{3}{5}$입니다.

●

02 $1\dfrac{4}{5} = 1\dfrac{8}{10} = 1.8$입니다. 따라서 $1.7 < 1.8$이므로 고구마를 더 많이 캔 사람은 은채입니다.

●

03 $\dfrac{8}{20} < \dfrac{\square}{20} < \dfrac{15}{20}$이므로 $8 < \square < 15$입니다.
따라서 $\square$ 안에 들어갈 수 있는 자연수는 9, 10, 11, 12, 13, 14로 모두 6개입니다.

●

04 가장 작은 진분수를 만들려면 분모가 가장 크고 분자가 가장 작아야 됩니다.
따라서 $\dfrac{2}{8}$가 가장 작은 진분수이므로 소수로 나타내면 $\dfrac{2}{8} = \dfrac{1}{4} = \dfrac{25}{100} = 0.25$입니다.

●

05 분수를 소수로 나타내면 $\dfrac{3}{5} = 0.6$이므로 가장 큰 수는 0.75입니다.

06 $\frac{6}{11} = \frac{12}{22} = \frac{18}{33} = \frac{24}{44} = \cdots\cdots$이므로 수 카드를 사용하여 만들 수 있는 분수 중 $\frac{6}{11}$과 크기가 같은 분수는 $\frac{24}{44}$입니다.

07 지현이는 케이크를 전체의 $\frac{2}{3} = \frac{2 \times 3}{3 \times 3} = \frac{6}{9}$만 큼 먹었으므로 서현이가 같은 양의 케이크를 먹으려면 9조각으로 나눈 것 중에 6조각을 먹어야 합니다.

08 6으로 약분하기 전의 분수는 $\frac{4}{7} = \frac{4 \times 6}{7 \times 6} = \frac{24}{42}$ 입니다. 따라서 분자에서 5를 빼기 전의 분수는 $\frac{24+5}{42} = \frac{29}{42}$입니다.

09 $\frac{7}{9} = \frac{14}{18} = \frac{21}{27} = \frac{28}{36} = \cdots\cdots$입니다.
따라서 분모와 분자의 차가 6이 되려면
$27 - 21 = 6$이므로 이 분수는 $\frac{21}{27}$입니다.

10 16과 20의 최소공배수는 80이고, 80의 배수 중 250에 가장 가까운 수는 240입니다.
$\frac{7}{16} = \frac{7 \times 15}{16 \times 15} = \frac{105}{240}$, $\frac{9}{20} = \frac{9 \times 12}{20 \times 12} = \frac{108}{240}$
입니다. 따라서 두 분수의 분자의 합은 105 $+ 108 = 213$입니다.

11 $\frac{5}{16}$와 $\frac{3}{10}$을 통분하여 나타내면 $\frac{25}{80}$, $\frac{24}{80}$입니다. 동생은 전체의 $\frac{80}{80} - (\frac{25}{80} + \frac{24}{80}) = \frac{31}{80}$을 나누어 받습니다. 따라서 사과를 가장 많이 받은 사람은 동생입니다.

12 $4 + 8 = 12$이므로 $\frac{4}{18}$와 크기가 같은 분수 중에서 분자가 12인 분수는 $\frac{12}{54}$입니다. 따라서 분모에 더해야 하는 수는 $54 - 18 = 36$입니다.

13 세 분수의 분자를 모두 18로 같게 하면 $\frac{18}{48} < \frac{18}{\square \times 2} < \frac{18}{33}$이므로 $33 < \square \times 2 < 48$입니다. 따라서 $\square$ 안에 들어갈 수 있는 자연수는 17, 18, 19, 20, 21, 22, 23으로 모두 7개입니다.

14 기약분수로 나타내면 $\frac{3}{4}$이므로 구하려는 분수는 $\frac{3 \times \square}{4 \times \square}$입니다. 분모와 분자의 최소공배수가 84이므로 $3 \times 4 \times \square = 84$, $\square = 7$입니다. 따라서 구하려는 분수는 $\frac{3 \times 7}{4 \times 7} = \frac{21}{28}$이므로 분자와 분모의 합은 $21 + 28 = 49$입니다.

15 51의 약수는 1, 3, 17, 51이므로 약분이 되지 않으려면 분자가 3의 배수 또는 17의 배수가 아니어야 합니다. 1부터 50까지의 수 중에서 3의 배수는 $50 \div 3 = 16 \cdots 2$이므로 16개이고, 17의 배수는 $50 \div 17 = 2 \cdots 16$이므로 2개입니다. 따라서 분모가 51인 진분수 중에서 기약분수는 모두 $50 - (16 + 2) = 32$(개)입니다.

16 0.6, 0.7, $\frac{13}{20}$, $\frac{17}{25}$을 모두 공통분모를 100으로 통분하면 $0.6 = \frac{60}{100}$, $0.7 = \frac{70}{100}$, $\frac{13}{20} = \frac{65}{100}$, $\frac{17}{25} = \frac{68}{100}$입니다.
따라서 0.6에 가장 가까운 수는 $\frac{60}{100}$의 분자와 차가 가장 작아야 하므로 $\frac{65}{100} = \frac{13}{20}$입니다.

17 약분하기 전의 분수는 $\frac{5}{9} = \frac{5 \times \square}{9 \times \square}$입니다. 분모와 분자의 최소공배수는 135이므로 $5 \times 9 \times \square = 135$, $\square = 3$입니다.
따라서 조건을 모두 만족하는 분수는 $\frac{5 \times 3}{9 \times 3} = \frac{15}{27}$입니다.

18 두 분수 $\frac{6}{11}$ 과 $\frac{13}{22}$ 을 통분하면 $\frac{12}{22}$ 와 $\frac{13}{22}$ 으로 분자는 1만큼 차이가 납니다. 이 수직선에서 두 분수의 사이가 일곱 칸으로 나누어져 있으므로 분모와 분자에 각각 7을 곱하여 $\frac{12\times7}{22\times7}=\frac{84}{154}$ 부터 $\frac{13\times7}{22\times7}=\frac{91}{154}$ 까지 다음과 같이 나타냅니다.

$$\frac{6}{11}\left(=\frac{84}{154}\right)\frac{85}{154}\ \frac{86}{154}\ \frac{87}{154}\ \boxed{\frac{88}{154}}\ \frac{89}{154}\ \frac{90}{154}\ \frac{13}{22}\left(=\frac{91}{154}\right)$$

따라서 □ 안에 알맞은 수는 $\frac{88}{154}$ 이고, 기약분수로 나타내면 $\frac{4}{7}$ 입니다.

19 $\frac{7}{10}$ 과 $\frac{13}{15}$ 을 30을 공통분모로 하여 통분하면 $\frac{21}{30},\frac{26}{30}$ 이므로 $\frac{21}{30}$ 보다 크고 $\frac{26}{30}$ 보다 작은 분수는 $\frac{22}{30},\frac{23}{30},\frac{24}{30},\frac{25}{30}$ 입니다. $\frac{22}{30},\frac{23}{30},\frac{24}{30},\frac{25}{30},\frac{37}{45}$ 을 통분하면 $\frac{66}{90},\frac{69}{90},\frac{72}{90},\frac{75}{90},\frac{74}{90}$ 이므로 이 중에서 $\frac{74}{90}$ 보다 큰 수는 $\frac{75}{90}$ 입니다.
따라서 조건을 모두 만족하는 분수는 $\frac{75}{90}=\frac{25}{30}$ 입니다.

20 분자를 4, 5의 최소공배수인 20으로 같게 하면 $\frac{4}{13}=\frac{20}{65},\frac{5}{\bigcirc}=\frac{20}{\bigcirc\times4},\frac{4}{9}=\frac{20}{45},\frac{5}{7}=\frac{20}{28},\frac{4}{\bigcirc}=\frac{20}{\bigcirc\times5}$ 입니다.
$\frac{4}{13}<\frac{5}{\bigcirc}<\frac{4}{9},\frac{20}{65}<\frac{20}{\bigcirc\times4}<\frac{20}{45}$ 에서 $45<\bigcirc\times4<65$ 이므로 $\bigcirc$에 들어갈 수 있는 자연수 중에 가장 작은 수는 12입니다. $\frac{5}{7}<\frac{4}{\bigcirc},\frac{20}{28}<\frac{20}{\bigcirc\times5}$ 에서 $28>\bigcirc\times5$ 이므로 $\bigcirc$에 들어갈 수 있는 자연수 중에 가장 큰 수는 5입니다. 따라서 $\bigcirc-\bigcirc$의 계산 결과가 가장 작을 때의 값은 $12-5=7$입니다.

⑤ 분수의 덧셈과 뺄셈

1	$4\frac{11}{56}$	2	$\frac{5}{9}$	3	$\frac{3}{20}$	4	$\frac{17}{72}$
5	도서관	6	$6\frac{13}{40}$ cm	7	6	8	1020g
9	$12\frac{11}{42}$	10	$1\frac{1}{12}$ kg	11	$\frac{1}{18}$ L	12	$18\frac{27}{35}$
13	$\frac{8}{65}$	14	12일	15	5일	16	3시간 5분
17	$6\frac{6}{7}$ cm	18	$1\frac{1}{30}$	19	$\frac{7}{60}$	20	$25\frac{3}{28}$ 분

01 $1\frac{4}{7}+2\frac{5}{8}=1\frac{32}{56}+2\frac{35}{56}=3\frac{67}{56}=4\frac{11}{56}$ 입니다.

02 $\frac{8}{9}-\frac{1}{3}=\frac{8}{9}-\frac{3}{9}=\frac{5}{9}$ 입니다.

03 전체 거리를 1이라 하면 기차를 타고 간 다음 남은 거리는 전체 거리의 $1-\frac{1}{4}=\frac{3}{4}$ 입니다. 따라서 자전거를 탄 거리는 전체 거리의 $\frac{3}{4}-\frac{3}{5}=\frac{15}{20}-\frac{12}{20}=\frac{3}{20}$ 입니다.

04 어떤 수를 □라 하면 □$+\frac{1}{9}=\frac{11}{24}$, □$=\frac{11}{24}-\frac{1}{9}=\frac{33}{72}-\frac{8}{72}=\frac{25}{72}$ 입니다. 따라서 바르게 계산하면 $\frac{25}{72}-\frac{1}{9}=\frac{25}{72}-\frac{8}{72}=\frac{17}{72}$ 입니다.

05 (학교를 거쳐 가는 길)$=\frac{1}{3}+\frac{9}{10}=\frac{10}{30}+\frac{27}{30}=\frac{37}{30}=1\frac{7}{30}$ (km)입니다.
(도서관을 거쳐 가는 길)$=\frac{3}{5}+\frac{7}{12}=\frac{36}{60}+\frac{35}{60}=\frac{71}{60}=1\frac{11}{60}$ (km)입니다.
따라서 $1\frac{7}{30}>1\frac{11}{60}$ 이므로 도서관을 거쳐 가는 길이 더 가깝습니다.

06 (이어 붙인 색 테이프의 전체 길이)=(색 테이프 2장의 길이의 합)−(겹쳐서 이어 붙인 길이)

$= (3\frac{5}{8} + 5\frac{2}{5}) - 2\frac{7}{10} = (3\frac{25}{40} + 5\frac{16}{40}) - 2\frac{7}{10}$

$= 9\frac{1}{40} - 2\frac{7}{10} = 9\frac{1}{40} - 2\frac{28}{40} = 8\frac{41}{40} - 2\frac{28}{40}$

$= 6\frac{13}{40}$ (cm)입니다.

07 $2\frac{5}{9} - 1\frac{7}{12} = 2\frac{20}{36} - 1\frac{21}{36} = 1\frac{56}{36} - 1\frac{21}{36} = \frac{35}{36}$ 입니다. $\frac{\square}{6} > \frac{35}{36}$, $\frac{\square \times 6}{36} > \frac{35}{36}$ 이므로 $\square \times 6 > 35$입니다. 따라서 $\square$ 안에 들어갈 수 있는 자연수 중에서 가장 작은 수는 6입니다.

08 전체를 1이라 하면 쿠키와 빵을 만들고 남은 밀가루의 양은 전체의 $1 - (\frac{1}{3} + \frac{11}{17}) = 1 - (\frac{17}{51} + \frac{33}{51}) = 1 - \frac{50}{51} = \frac{1}{51}$ 입니다.

전체의 $\frac{1}{51}$ 만큼이 20g이므로 처음에 있던 밀가루의 양은 $20 \times 51 = 1020$(g)입니다.

09 두 대분수의 차가 가장 크려면 가장 큰 수인 9와 가장 작은 수인 2를 자연수 부분에 각각 놓아야 합니다. 나머지 3, 5, 6, 7로 차가 가장 크게 되는 두 진분수를 만들면 $\frac{5}{6}$ 와 $\frac{3}{7}$ 입니다. 따라서 두 대분수의 합은

$9\frac{5}{6} + 2\frac{3}{7} = 9\frac{35}{42} + 2\frac{18}{42} = 11\frac{53}{42} = 12\frac{11}{42}$ 입니다.

10 (책 12권의 무게)$= \frac{13}{16} + \frac{13}{16} + \frac{13}{16} + \frac{13}{16} = \frac{52}{16}$

$= 3\frac{4}{16} = 3\frac{1}{4}$ (kg)입니다.

따라서 (빈 상자의 무게)

$= 4\frac{1}{3} - 3\frac{1}{4} = 4\frac{4}{12} - 3\frac{3}{12} = 1\frac{1}{12}$ (kg)입니다.

11 처음 동생이 갖고 있던 물의 양을 $\square$L라 하면 $\frac{5}{9} - \frac{1}{4} = \square + \frac{1}{4}$, $\frac{11}{36} = \square + \frac{1}{4}$, $\square = \frac{11}{36} - \frac{1}{4} = \frac{11}{36} - \frac{9}{36} = \frac{2}{36} = \frac{1}{18}$ 입니다.

따라서 처음 동생이 갖고 있던 물은 $\frac{1}{18}$L입니다.

12 자연수 부분은 1씩 커지고, 분자와 분모는 2씩 커집니다. 따라서 일곱 번째 분수는 $7\frac{13}{15}$ 이고, 열 번째 분수는 $10\frac{19}{21}$ 이므로 두 분수의 합은 $7\frac{13}{15} + 10\frac{19}{21} = 7\frac{91}{105} + 10\frac{95}{105} = 17\frac{186}{105}$

$= 18\frac{81}{105} = 18\frac{27}{35}$ 입니다.

13 $\frac{1}{30} + \frac{1}{42} + \frac{1}{56} + \cdots\cdots + \frac{1}{156}$

$= \frac{1}{5 \times 6} + \frac{1}{6 \times 7} + \frac{1}{7 \times 8} + \cdots\cdots + \frac{1}{12 \times 13}$

$= (\frac{1}{5} - \frac{1}{6}) + (\frac{1}{6} - \frac{1}{7}) + (\frac{1}{7} - \frac{1}{8}) + \cdots\cdots +$

$(\frac{1}{12} - \frac{1}{13}) = \frac{1}{5} - \frac{1}{13} = \frac{13}{65} - \frac{5}{65} = \frac{8}{65}$ 입니다.

14 이 일을 지혜가 혼자서 하면 $6 \times 3 = 18$(일), 찬민이가 혼자서 하면 $4 \times 9 = 36$(일)이 걸립니다. 지혜는 하루에 전체의 $\frac{1}{18}$ 만큼 일하고, 찬민이는 하루에 전체의 $\frac{1}{36}$ 만큼 일하므로 두 사람이 함께 하면 하루에 하는 일의 양은 $\frac{1}{18} + \frac{1}{36} = \frac{2}{36} + \frac{1}{36} = \frac{3}{36} = \frac{1}{12}$ 입니다. 따라서 두 사람이 함께 이 일을 끝내는 데 12일이 걸립니다.

15 2일 동안 읽는 소설책은 전체의 $\frac{1}{12} + \frac{3}{8} = \frac{2}{24} + \frac{9}{24} = \frac{11}{24}$ 입니다. 4일 동안 읽으면 전체의 $\frac{11}{24} + \frac{11}{24} = \frac{22}{24}$ 를 읽고, $1 - \frac{22}{24} = \frac{2}{24} = \frac{1}{12}$ 이 남습니다. 따라서 4일 동안 읽고 남은 전체의 $\frac{1}{12}$ 을 다음 날 읽으면 소설책을 다 읽는 데 모두 5일이 걸립니다.

16 15분$=\dfrac{15}{60}$시간$=\dfrac{1}{4}$시간입니다. 처음 집에서 출발하여 다시 집으로 돌아오는 데 걸린 시간은
$1\dfrac{2}{5}+\dfrac{1}{4}+1\dfrac{13}{30}=1\dfrac{24}{60}+\dfrac{15}{60}+1\dfrac{26}{60}=2\dfrac{65}{60}=$
$3\dfrac{5}{60}$(시간)이므로 3시간 5분입니다.

17 정사각형 모양의 종이의 한 변의 길이를 ㉠cm라 하면 ㉠$+$㉠$+$㉠$+$㉠$=10\dfrac{2}{7}=\dfrac{72}{7}$, ㉠$=$
$\dfrac{18}{7}$입니다. 잘린 직사각형 모양의 종이의 가로는
$\dfrac{18}{7}$cm이고, 가로는 세로의 3배이므로 세로를
㉡cm라 하면 ㉡$+$㉡$+$㉡$=\dfrac{18}{7}$, ㉡$=\dfrac{6}{7}$입니다. 따라서 잘린 직사각형 모양의 종이 1장의 둘레는 $\dfrac{18}{7}+\dfrac{18}{7}+\dfrac{6}{7}+\dfrac{6}{7}=\dfrac{48}{7}=6\dfrac{6}{7}$(cm)입니다.

18 (㉠$+$㉡)$+$(㉡$+$㉢)$+$(㉢$+$㉠)$=\dfrac{7}{10}+\dfrac{8}{15}$
$+\dfrac{5}{6}$
㉠$+$㉠$+$㉡$+$㉡$+$㉢$+$㉢$=\dfrac{21}{30}+\dfrac{16}{30}+\dfrac{25}{30}$
$=\dfrac{62}{30}=\dfrac{31}{30}+\dfrac{31}{30}$이므로 ㉠$+$㉡$+$㉢$=\dfrac{31}{30}$
$=1\dfrac{1}{30}$입니다.

19 ㉠수도로만 1분 동안 채울 수 있는 물의 양은 전체의 $\dfrac{1}{20}$이고, ㉡수도로만 1분 동안 채울 수 있는 물의 양은 전체의 $\dfrac{1}{12}$이고, 구멍이 뚫린 물통에서 1분 동안 새어 나가는 물의 양은 전체의 $\dfrac{1}{60}$입니다. 따라서 ㉠과 ㉡ 수도를 동시에 틀어서 구멍 뚫린 물통에 1분 동안 채울 수 있는 물의 양은 전체의 $\dfrac{1}{20}+\dfrac{1}{12}-\dfrac{1}{60}=\dfrac{3}{60}+$
$\dfrac{5}{60}-\dfrac{1}{60}=\dfrac{7}{60}$입니다.

20 꽃다발 1개를 포장하고 쉬는 시간을 더하면
$3\dfrac{1}{7}+1\dfrac{1}{4}=3\dfrac{4}{28}+1\dfrac{7}{28}=4\dfrac{11}{28}$(분)입니다.
마지막 꽃다발을 포장한 후에는 쉬지 않으므로 꽃다발을 6개 포장하는 데 걸리는 시간은 모두
$4\dfrac{11}{28}+4\dfrac{11}{28}+4\dfrac{11}{28}+4\dfrac{11}{28}+4\dfrac{11}{28}+3\dfrac{1}{7}$
$=20\dfrac{55}{28}+3\dfrac{4}{28}=25\dfrac{3}{28}$(분)입니다.

6 다각형의 둘레와 넓이

1	7	2	89cm²	3	25km²	4	7
5	6	6	34cm²	7	150cm²	8	72cm²
9	246cm²	10	810cm²	11	8cm	12	411cm²
13	10cm	14	9	15	16cm²	16	840cm²
17	156cm²	18	16cm²	19	112cm²	20	16배

01 직사각형의 가로와 세로의 합은 $32\div2=16$(cm)입니다. 따라서 $\square=16-9=7$입니다.

02 (사다리꼴의 넓이)$=(8+10)\times5\div2=45$(cm²)이고, (평행사변형의 넓이)$=11\times4=44$(cm²)입니다. 따라서 두 도형의 넓이의 합은 $45+44$ $=89$(cm²)입니다.

03 $5000m=5km$이므로 정사각형의 넓이는 $5\times5=25$(km²)입니다.

04 (사다리꼴의 넓이)$=$(삼각형의 넓이)이므로 $(3+7)\times\square\div2=10\times7\div2$, $10\times\square\div2=35$, $10\times\square=70$, $\square=7$입니다.

05 (삼각형 ㄱㄴㄷ의 넓이)$=12\times3\div2=18(cm^2)$
입니다. 따라서 $6\times\square\div2=18$, $6\times\square=36$,
$\square=6$입니다.

06 (색칠한 부분의 넓이)$=$(사다리꼴의 넓이)$-$
(삼각형의 넓이)$=(7+11)\times5\div2-11\times2\div2$
$=45-11=34(cm^2)$입니다.

07 색칠하지 않은 부분을 모으면 가로가 $17-6=$
$11(cm)$, 세로가 $14-6=8(cm)$인 직사각형이
됩니다. (색칠한 부분의 넓이)$=$(큰 직사각형
의 넓이)$-$(색칠하지 않은 부분의 넓이)이므로
$17\times14-11\times8=150(cm^2)$입니다.

08 직사각형의 가로와 세로의 합은 $36\div2=18(cm)$
이고 세로를 $\square cm$라 하면 가로는 $(\square\times2)cm$
이므로 $\square+(\square\times2)=18$, $\square\times3=18$, $\square=6$
입니다.
따라서 세로가 6cm, 가로가 $6\times2=12(cm)$인
직사각형의 넓이는 $6\times12=72(cm^2)$입니다.

09 (삼각형 ㄴㄷㅁ의 넓이)$=15\times20\div2=150(cm^2)$
입니다. 선분 ㅁㅂ의 길이를 $\square cm$라 하면 $25\times$
$\square\div2=150$, $25\times\square=300$, $\square=12$입니다.
따라서 (사다리꼴 ㄱㄴㄷㄹ의 넓이)
$=(16+25)\times12\div2=246(cm^2)$입니다.

10 도형의 둘레에는 정사각형의 한 변이 16개 있
으므로 (정사각형의 한 변의 길이)$=144\div$
$16=9(cm)$입니다. 따라서 이 도형에는 정사각
형이 10개 있으므로 (도형의 넓이)$=(9\times9)$
$\times10=81\times10=810(cm^2)$입니다.

11 직사각형의 세로를 $\square cm$라 하면 가로는 $(\square$
$\times4)cm$입니다. 직사각형의 둘레는 20cm이므
로 $(\square+\square\times4)\times2=20$, $\square+\square\times4=10$, $\square$

$\times5=10$, $\square=2$입니다. 따라서 정사각형의 한
변의 길이는 $2\times4=8(cm)$입니다.

12 선분 ㄹㅁ의 길이를 $\square cm$라 하면 도형의 둘레
는 92cm이므로 $(24+\square)\times2=92$, $24+\square$
$=46$, $\square=22$입니다.
(정사각형 ㄱㄴㄷㅅ의 넓이)$=13\times13=169$
(cm^2)이고, (직사각형 ㅂㄷㄹㅁ의 넓이)$=$
$(24-13)\times22=242(cm^2)$입니다. 따라서 이 도
형의 넓이는 $169+242=411(cm^2)$입니다.

13 선분 ㅁㄹ의 길이를 $\square cm$라 하면 삼각형 ㅁㄷ
ㄹ의 넓이는 64cm²이므로 $16\times\square\div2=64$,
$16\times\square=128$, $\square=8$입니다.
평행사변형 ㄱㄴㄷㄹ의 넓이는 288cm²이므로
(변 ㄱㄹ)$\times16=288$, (변 ㄱㄹ)$=18cm$입니다.
따라서 (선분 ㄱㅁ)$=18-8=10(cm)$입니다.

14 (삼각형 ㄱㄴㅁ의 넓이)$=4\times5\div2=10(cm^2)$
입니다. (사다리꼴 ㅁㄴㄷㄹ의 넓이)$=10\times4$
$=40(cm^2)$이므로 $(7+\square)\times5\div2=40$, $(7+$
$\square)\times5=80$, $7+\square=16$, $\square=9$입니다.

15 직사각형의 둘레가 20cm이므로 가로와 세로의
합은 10cm가 되어야 합니다.

가로(cm)	1	2	3	4	5	6	7	8	9
세로(cm)	9	8	7	6	5	4	3	2	1
넓이(cm²)	9	16	21	24	25	24	21	16	9

그릴 수 있는 직사각형 중 넓이가 가장 큰 것은
25cm²이고, 가장 작은 것은 9cm²이므로 넓이
의 차는 $25-9=16(cm^2)$입니다.

16 (삼각형 ㄱㄴㄷ의 넓이)$=40\times25\div2=500(cm^2)$
입니다. 삼각형 ㄱㄴㄷ에서 변 ㄴㄷ을 밑변으로
하고 높이를 $\square cm$라 하면 $50\times\square\div2=500$,
$50\times\square=1000$, $\square=20$입니다.

따라서 사다리꼴의 높이가 20cm이므로
(사다리꼴 ㄱㄴㄷㄹ의 넓이)
= (34 + 50) × 20 ÷ 2 = 840(cm²)입니다.

●●●

17 선분 ㅂㄹ의 길이를 □cm라 하면 (사다리꼴 ㄱㄴㄷㄹ의 넓이)=(사다리꼴 ㄱㄴㄷㅂ의 넓이) +(삼각형 ㅂㄷㄹ의 넓이)이므로 (9 + 15) × 13 ÷ 2 + (□ × 13 ÷ 2) = 234, 156 + (□ × 13 ÷ 2) = 234, □ × 13 ÷ 2 = 78, □ × 13 = 156, □ = 12입니다.

마름모 ㅂㄷㄹㅁ에서 (선분 ㅂㄹ)=12cm이 고, (선분 ㅁㄷ) = 13 × 2 = 26(cm)이므로 마름 모 ㅂㄷㄹㅁ의 넓이는 12 × 26 ÷ 2 = 156(cm²) 입니다.

●●●●

18 도형에서 색칠하지 않은 부분은 밑변의 길이가 6 + 4 + 2 + 2 = 14(cm)이고, 높이가 6cm인 직각 삼각형이므로 넓이는 14 × 6 ÷ 2 = 42(cm²)입니 다. 도형의 전체 넓이는 (6 × 6) + (4 × 4) + (2 × 2) + (2 × 2 ÷ 2) = 36 + 16 + 4 + 2 = 58(cm²)이므 로 색칠한 부분의 넓이는 58 − 42 = 16(cm²)입니 다.

●●●●

19 사다리꼴 ㄱㄴㄷㄹ의 높이를 □cm라 하면 사 다리꼴 ㄱㄴㄷㄹ의 넓이가 672cm²이므로 (16 + 32) × □ ÷ 2 = 672, 48 × □ = 1344, □ = 28 입니다.

선분 ㄴㅁ과 선분 ㄹㅁ의 길이가 같으므로 (삼 각형 ㄱㄴㅁ의 넓이)=(삼각형 ㄱㅁㄹ의 넓 이)이고, (삼각형 ㅁㄴㄷ의 넓이)=(삼각형 ㅁ ㄷㄹ의 넓이)입니다. (사각형 ㄱㅁㄷㄹ의 넓 이)=(사다리꼴 ㄱㄴㄷㄹ의 넓이) ÷ 2 = 672 ÷ 2 = 336(cm²)이고, (삼각형 ㄱㄷㄹ의 넓이) = 16 × 28 ÷ 2 = 224(cm²)입니다.
따라서 (삼각형 ㄱㅁㄷ의 넓이)=(사각형 ㄱ ㅁㄷㄹ의 넓이)−(삼각형 ㄱㄷㄹ의 넓이)= 336 − 224 = 112(cm²)입니다.

●●●●

20 직사각형의 성질에 의하여 (선분 ㄱㅂ)=(선분 ㄴㅂ)=(선분 ㄷㅂ)=(선분 ㄹㅂ)입니다. 밑변 의 길이와 높이가 같으므로 (삼각형 ㄱㄴㅂ의 넓이)=(삼각형 ㅂㄴㄷ의 넓이)이고, 같은 방 법으로 넓이를 구하면 (삼각형 ㄱㄴㅂ의 넓이) =(삼각형 ㅂㄴㄷ의 넓이)=(삼각형 ㅂㄷㄹ의 넓이)=(삼각형 ㄱㅂㄹ의 넓이)입니다. 삼각형 ㅂㄴㅁ은 삼각형 ㅂㄴㄷ과 높이는 같은데 밑 변의 길이가 3배이므로 넓이도 3배입니다. 삼 각형 ㅂㅁㄷ의 넓이를 □cm²라 하면 (직사각 형 ㄱㄴㄷㄹ의 넓이)=(삼각형 ㅂㄴㄷ의 넓 이) × 4 = (□ × 3 + □) × 4 = (□ × 4) × 4 = □ × 16이므로 직사각형 ㄱㄴㄷㄹ의 넓이는 삼각 형 ㅂㅁㄷ의 넓이의 16배입니다.

⬡ 1학기말 평가

1	5번	2	0.9	3	6m	4	$4\frac{11}{14}$
5	100cm²	6	20	7	27	8	37번째
9	98cm²	10	$2\frac{17}{36}$L	11	$\frac{7}{12}$	12	53cm²
13	258cm²	14	81cm²	15	175	16	12개
17	$\frac{2}{15}$kg	18	36	19	67	20	400cm²

●

01 버스가 15분 간격으로 출발하므로 출발 시각은 오전 7시, 7시 15분, 7시 30분, 7시 45분, 8시까 지 모두 5번 출발합니다.

●

02 만들 수 있는 진분수 중에서 가장 작은 분수는 $\frac{1}{10}$이고, 가장 큰 분수는 $\frac{8}{10}$이므로 두 분수의 합은 $\frac{1}{10} + \frac{8}{10} = \frac{9}{10} = 0.9$입니다.

03 정사각형 모양의 타일을 가장 적게 사용하려면 가로 12m와 세로 18m의 최대공약수를 한 변으로 하는 타일을 붙여야 합니다. 따라서 12와 18의 최대공약수는 6이므로 정사각형 모양의 타일의 한 변의 길이는 6m입니다.

04 어떤 수를 $\square$라 하면 $\square + 2\frac{5}{14} = 7\frac{1}{7}$입니다.

따라서 $\square = 7\frac{1}{7} - 2\frac{5}{14} = 7\frac{2}{14} - 2\frac{5}{14} = 6\frac{16}{14} - 2\frac{5}{14} = 4\frac{11}{14}$입니다.

05 정사각형의 한 변의 길이는 $20 \div 4 = 5(\text{cm})$입니다. 따라서 이어 붙인 도형은 한 변의 길이가 10cm인 정사각형이므로 넓이는 $10 \times 10 = 100(\text{cm}^2)$입니다.

06 (사다리꼴 ㄱㄴㄷㄹ의 넓이)=(삼각형 ㄱㄴㄷ의 넓이) + (삼각형 ㄱㄷㄹ의 넓이)=$(26 \times \square \div 2) + (23 \times 12 \div 2) = 398$이므로 $(26 \times \square \div 2) + 138 = 398$, $26 \times \square \div 2 = 260$, $26 \times \square = 520$, $\square = 20$입니다.

07 (어떤 수−3)은 12와 8로 나누어떨어지므로 12와 8의 공배수입니다. 12와 8의 공배수 중에서 가장 작은 수는 최소공배수인 24입니다. 따라서 (어떤 수−3)은 24이므로 어떤 수는 $24 + 3 = 27$입니다.

08 순서가 1씩 커질 때마다 수는 4씩 커지므로 (순서)$\times 4 + 4 =$(수)입니다. 따라서 37번째 수가 $37 \times 4 + 4 = 152$이므로 처음으로 150보다 큰 수가 놓이는 것은 37번째입니다.

09 직사각형의 세로를 $\square$cm라 하면 가로는 ($\square \times 2$)cm입니다. $\square + (\square \times 2) = 21$, $\square \times 3 =$

21, $\square = 7$이므로 직사각형의 가로는 14cm, 세로는 7cm입니다. 따라서 직사각형의 넓이는 $14 \times 7 = 98(\text{cm}^2)$입니다.

10 (남은 우유의 양)

$= 4\frac{1}{3} - (1\frac{3}{4} + \frac{1}{9}) = 4\frac{1}{3} - (1\frac{27}{36} + \frac{4}{36})$

$= 4\frac{1}{3} - 1\frac{31}{36} = 4\frac{12}{36} - 1\frac{31}{36} = 3\frac{48}{36} - 1\frac{31}{36}$

$= 2\frac{17}{36}$(L)입니다.

11 8, 4, 12, 9의 최소공배수인 72로 통분하면

$\frac{5}{8} = \frac{5 \times 9}{8 \times 9} = \frac{45}{72}$, $\frac{1}{4} = \frac{1 \times 18}{4 \times 18} = \frac{18}{72}$,

$\frac{7}{12} = \frac{7 \times 6}{12 \times 6} = \frac{42}{72}$, $\frac{8}{9} = \frac{8 \times 8}{9 \times 8} = \frac{64}{72}$이므로

$\frac{1}{4}$, $\frac{7}{12}$, $\frac{8}{9}$ 중에서 $\frac{5}{8}$에 가장 가까운 분수는

$\frac{7}{12}$입니다.

12

(색칠한 부분의 넓이)
=(㉠의 넓이)+(㉡의 넓이)
=$(8 \times 5 \div 2) + (11 \times 6 \div 2)$
=$20 + 33 = 53(\text{cm}^2)$입니다.

13 사다리꼴 ㄱㄴㄷㄹ의 높이를 $\square$cm라 하면 (삼각형 ㄴㄷㅁ의 넓이)=$20 \times 15 \div 2 = 150(\text{cm}^2)$이므로 $25 \times \square \div 2 = 150$, $25 \times \square = 300$, $\square = 12$입니다.

따라서 (사다리꼴 ㄱㄴㄷㄹ의 넓이)
=$(18 + 25) \times 12 \div 2 = 258(\text{cm}^2)$입니다.

14 직사각형의 둘레가 36cm이므로 가로와 세로의 합은 18cm입니다. 가로와 세로의 합이 18cm인 각각의 경우에서 직사각형의 넓이를 구해 보면 가로와 세로의 차가 작을수록 넓이는 커집니다. 따라서 넓이가 가장 큰 직사각형은 가로와 세로가 모두 9cm일 때이므로 넓이는 $9 \times 9 = 81(\text{cm}^2)$입니다.

15 (어떤 수+5)는 9와 15로 나누어떨어지므로 9와 15의 공배수입니다. 9와 15의 최소공배수는 45이므로 (어떤 수+5)가 될 수 있는 수는 45, 90, 135, 180, ……입니다. 따라서 어떤 수 중에서 180에 가장 가까운 수는 $180 - 5 = 175$입니다.

16 $2\frac{\square}{18} + 2\frac{8}{27} = 4 + \left(\frac{\square}{18} + \frac{8}{27}\right)$이므로 $\frac{\square}{18} + \frac{8}{27}$ 은 1보다 작아야 합니다. 18과 27의 최소공배수는 54이므로 $\frac{\square}{18} + \frac{8}{27} < 1$, $\frac{\square \times 3}{54} + \frac{16}{54} < \frac{54}{54}$, $\frac{\square \times 3 + 16}{54} < \frac{54}{54}$입니다.

따라서 $\square \times 3 + 16 < 54$, $\square \times 3 < 38$이므로 $\square$ 안에 들어갈 수 있는 자연수는 1, 2, 3, 4, ……, 12까지 모두 12개입니다.

17 (가득 들어 있던 물의 반의 무게)$= 7\frac{1}{5} - 3\frac{2}{3} =$ $7\frac{3}{15} - 3\frac{10}{15} = 6\frac{18}{15} - 3\frac{10}{15} = 3\frac{8}{15}(\text{kg})$입니다.

따라서 (비어 있는 물통의 무게)$= 3\frac{2}{3} - 3\frac{8}{15} =$ $3\frac{10}{15} - 3\frac{8}{15} = \frac{2}{15}(\text{kg})$입니다.

18 어떤 수를 $\square$라 하면 $(\square \times 4 + 7) \div 5 - 11 <$ $(63 + 17) \div 4$입니다. $(63 + 17) \div 4 = 80 \div 4 =$ 20이므로 $(\square \times 4 + 7) \div 5 - 11 = 20$이라면 $(\square \times 4 + 7) \div 5 = 31$, $\square \times 4 + 7 = 155$, $\square \times 4 = 148$, $\square = 37$입니다. 따라서 어떤 수는 37보다 작은 수이므로 가장 큰 자연수는 36입니다.

19 $\frac{1}{2} = \frac{3}{6}$, $\frac{2}{3} = \frac{6}{9}$이므로 분자는 1씩 커지고 분모는 분자보다 3만큼 더 큰 규칙입니다.

$\frac{18}{19}$과 크기는 같고 분모가 분자보다 3만큼 더 큰 분수는 $\frac{18 \times 3}{19 \times 3} = \frac{54}{57}$이므로 ㉠ = 54입니다.

36번째 분수는 $\frac{36}{39} = \frac{12}{13}$이므로 ㉡ = 13입니다.

따라서 ㉠ + ㉡ = 54 + 13 = 67입니다.

20 (㉣의 한 변의 길이)$= 112 \div 4 = 28(\text{cm})$입니다. ㉠의 한 변의 길이를 $\square$cm라 하면 (㉡의 한 변의 길이)$= (\square \times 2)$cm이고, (㉢의 한 변의 길이)$= (\square \times 5)$cm이고, (㉣의 한 변의 길이)$= \square \times 2 + \square \times 5 = \square \times 7(\text{cm})$이므로 $\square \times 7 = 28$, $\square = 4$입니다.

따라서 (정사각형 ㉢의 넓이) $= (4 \times 5) \times (4 \times 5) = 20 \times 20 = 400(\text{cm}^2)$입니다.

1 수의 범위와 어림하기

1	12개	2	6개	3	800	4	3800
5	6개	6	7600	7	7150	8	22묶음
9	32	10	9	11	㉠마트	12	4505000원
13	49개	14	2634	15	5개	16	6개
17	155000원	18	379	19	6개	20	246

01 13보다 작은 자연수는 1, 2, 3, ……, 12로 모두 12개입니다.

02 572를 올림하여 백의 자리까지 나타내면 600이므로 주머니는 최소 6개 필요합니다.

03 2732를 올림하여 백의 자리까지 나타낸 수는 2800이고, 버림하여 천의 자리까지 나타낸 수는 2000입니다.
따라서 두 수의 차는 2800 − 2000 = 800입니다.

04 올림하여 백의 자리까지 나타내면 3800이 되는 자연수는 3701부터 3800까지입니다.
이 중에서 가장 큰 자연수는 3800입니다.

05 54 이상 63 미만인 자연수는 54, 55, 56, 57, 58, 59, 60, 61, 62입니다. 이 중에서 버림하여 십의 자리까지 나타내면 50이 되는 수는 54, 55, 56, 57, 58, 59로 6개입니다.

06 만들 수 있는 가장 큰 네 자리 수는 7641입니다. 따라서 7641을 버림하여 백의 자리까지 나타내면 7600입니다.

07 반올림하여 백의 자리까지 나타내었을 때 7200이 되는 자연수는 7150부터 7249까지입니다.
따라서 이 중에서 가장 작은 수는 7150입니다.

08 학생 216명에게 사탕을 10개씩 나누어 주기 위해서는 216 × 10 = 2160(개)의 사탕이 필요합니다.
따라서 2160을 올림하여 백의 자리까지 나타내면 2200이므로 사탕을 최소 22묶음 사야 합니다.

09 두 수직선에 나타낸 수의 공통 범위는 27 이상 ☐ 이하입니다. 이 범위에 속하는 자연수가 27, 28, 29, 30, 31, 32여야 6개이므로 ☐ 안에 들어갈 자연수는 32입니다.

10 반올림하여 십의 자리까지 나타냈을 때 70이 되는 자연수는 65부터 74입니다.
이 중에서 8의 배수는 72이므로 어떤 자연수는 72 ÷ 8 = 9입니다.

11 음료수를 367병 사기 위해서 ㉠마트에서는 370병을 사야 하고, ㉡마트에서는 400병을 사야 합니다. 따라서 내야 하는 돈은 ㉠마트에서는 7700 × 37 = 284900(원)이고, ㉡마트에서는 75000 × 4 = 300000(원)이므로 ㉠마트에서 사는 것이 더 저렴합니다.

12 올림하여 백의 자리까지 나타내면 1000이 되는 수의 범위는 900 초과 1000 이하이므로 행사에 참가한 학생은 최소 901명입니다. 따라서 모이는 기부금은 최소 901 × 5000 = 4505000(원)입니다.

13 첫 번째 조건을 만족하는 수는 4050 이상 4150 미만인 수입니다.
두 번째 조건을 만족하는 수는 4100 초과 4200 이하인 수입니다.
세 번째 조건을 만족하는 수는 4100 이상 4200 미만인 수입니다.
따라서 조건을 모두 만족하는 수의 범위는 4100

초과 4150 미만인 수이므로 이 범위에 속하는 자연수는 4101, 4102, 4103, ……, 4149로 49개 입니다.

●●●

14 반올림하여 십의 자리까지 나타낸 수가 2630이 되는 수의 범위는 2625 이상 2635 미만인 수입 니다. 올림하여 십의 자리까지 나타낸 수가 2640이 되는 수의 범위는 2630 초과 2640 이하 인 수입니다.

따라서 어림하기 전의 수가 될 수 있는 수의 범위는 2630 초과 2635 미만인 수이므로 이 중에 서 가장 큰 수는 2634입니다.

●●●

15 □ 안에 어떤 수가 들어가더라도 내림하여 천의 자리까지 나타낸 수는 74000입니다. 74□31을 반올림하여 천의 자리까지 나타낸 수가 74000 이 되려면 □ 안에 들어갈 수 있는 수는 0, 1, 2, 3, 4로 모두 5개입니다.

●●●

16 반올림하여 천의 자리까지 나타내면 54000이 되는 수의 범위는 53500 이상 54500 미만입니 다. 따라서 주어진 수 카드로 만들 수 있는 수 중에서 이 범위에 들어가는 수는 53748, 53784, 53847, 53874, 54378, 54387로 모두 6개입니다.

●●●

17 선아는 11세이므로 어린이 요금을, 아버지와 어 머니는 어른 요금을, 할아버지는 65세이므로 경 로 요금을 내야 합니다. 선아네 가족이 내야 할 요 금은 모두 $30000+45000\times2+35000=155000$ (원)입니다.

●●●●

18 주어진 수 카드로 430 미만인 수를 큰 수부터 차례대로 7개 만들면 428, 427, 423, 387, 384, 382, 378입니다. □ 이상 430 미만인 수가 6개 가 되려면 □는 378 초과 382 이하인 자연수입 니다. 따라서 □ 안에 들어갈 수 있는 가장 작 은 자연수는 379입니다.

●●●●

19 반올림하여 천의 자리까지 나타낸 수가 6000이 되는 수의 범위는 5500 이상 6500 미만입니다. 천의 자리 수가 5일 때 백의 자리 수가 될 수 있 는 수는 6, 9이므로 5619, 5691, 5916, 5961로 4 개입니다.

천의 자리 수가 6일 때 백의 자리 수가 될 수 있 는 수는 1이므로 6159, 6195로 2개입니다.

따라서 반올림하여 천의 자리까지 나타낸 수가 6000이 되는 수는 모두 $4+2=6$(개)입니다.

●●●●

20 첫 번째 조건을 만족하는 자연수 ㉠은 $㉠-125-1=45$, $㉠-125=46$, $㉠=171$입 니다. 두 번째 조건을 만족하는 자연수 ㉡은 $104-㉡+1=30$, $104-㉡=29$, $㉡=75$입 니다. 따라서 ㉠+㉡은 $171+75=246$입니다.

② 분수의 곱셈

1	$11\dfrac{1}{3}$ cm	2	4개	3	$\dfrac{11}{28}$	4	$33\dfrac{7}{12}$
5	500km	6	$\dfrac{3}{16}$ L	7	6	8	$1\dfrac{2}{3}$
9	$11\dfrac{1}{9}$ cm²	10	15쪽	11	$8\dfrac{2}{5}$	12	오전 5시 58분 15초
13	$6\dfrac{1}{2}$	14	$55\dfrac{1}{2}$ m	15	$\dfrac{9}{16}$ 배	16	85g
17	1	18	$\dfrac{5}{12}$	19	$\dfrac{1}{376}$	20	$3\dfrac{3}{13}$

●

01 $2\dfrac{5}{6}\times4=\dfrac{17}{\cancel{6}_3}\times\cancel{4}^2=\dfrac{34}{3}=11\dfrac{1}{3}$ (cm)입니다.

●

02 $\dfrac{3}{\cancel{8}_2}\times1\cancel{2}^3=\dfrac{9}{2}=4\dfrac{1}{2}$이므로 □ 안에 들어갈 수 있는 자연수는 1, 2, 3, 4로 모두 4개입니다.

03 어떤 수 ㉠은 $\dfrac{\cancel{6}^{1}}{7}\times\dfrac{11}{\cancel{18}_{3}}=\dfrac{11}{21}$ 이므로 ㉠의 $\dfrac{3}{4}$

은 $\dfrac{11}{\cancel{21}_{7}}\times\dfrac{\cancel{3}^{1}}{4}=\dfrac{11}{28}$ 입니다.

04 만들 수 있는 가장 큰 대분수는 $9\dfrac{3}{4}$ 이고, 가장

작은 대분수는 $3\dfrac{4}{9}$ 입니다. 따라서 두 수의 곱은

$9\dfrac{3}{4}\times3\dfrac{4}{9}=\dfrac{\cancel{39}^{13}}{4}\times\dfrac{31}{\cancel{9}_{3}}=\dfrac{403}{12}=33\dfrac{7}{12}$ 입니다.

05 3시간 20분$=3\dfrac{20}{60}$ 시간$=3\dfrac{1}{3}$ 시간입니다.

따라서 기차가 3시간 20분 동안 갈 수 있는 거

리는 $150\times3\dfrac{1}{3}=1\cancel{50}^{50}\times\dfrac{10}{\cancel{3}_{1}}=500(km)$입니다.

06 (새어 나간 물의 양)$=\dfrac{\cancel{9}^{3}}{16}\times\dfrac{\cancel{2}^{1}}{\cancel{3}_{1}}=\dfrac{3}{8}(L)$이므로

(물통에 남은 물의 양)$=\dfrac{9}{16}-\dfrac{3}{8}=\dfrac{9}{16}-\dfrac{6}{16}=$

$\dfrac{3}{16}(L)$입니다.

07 $3\dfrac{1}{4}\times2\dfrac{2}{5}=\dfrac{13}{\cancel{4}_{1}}\times\dfrac{\cancel{12}^{3}}{5}=\dfrac{39}{5}=7\dfrac{4}{5}$ 이고,

$7\dfrac{4}{5}>7\dfrac{4}{\square}$ 이므로 $5<\square$입니다. 따라서 $\square$ 안

에 들어갈 수 있는 가장 작은 자연수는 6입니다.

08 어떤 수를 $\square$라 하면 $\square-\dfrac{1}{3}=4\dfrac{2}{3}$이므로

$\square=4\dfrac{2}{3}+\dfrac{1}{3}=5$입니다. 따라서 바르게 계산

한 값은 $5\times\dfrac{1}{3}=\dfrac{5}{3}=1\dfrac{2}{3}$입니다.

09 새로운 정사각형의 한 변의 길이는

$\cancel{8}^{2}\times\dfrac{5}{\cancel{12}_{3}}=\dfrac{10}{3}(cm)$입니다. 따라서 새로운 정

사각형의 넓이는 $\dfrac{10}{3}\times\dfrac{10}{3}=\dfrac{100}{9}=11\dfrac{1}{9}(cm^{2})$

입니다.

10 어제 읽고 남은 양은 전체의 $1-\dfrac{5}{8}=\dfrac{3}{8}$이고,

오늘 읽은 양은 전체의 $\dfrac{\cancel{3}^{1}}{\cancel{8}_{4}}\times\dfrac{\cancel{2}^{1}}{\cancel{3}_{1}}=\dfrac{1}{4}$입니다.

어제와 오늘 읽은 양은 전체의 $\dfrac{5}{8}+\dfrac{1}{4}=\dfrac{5}{8}+$

$\dfrac{2}{8}=\dfrac{7}{8}$이므로 남은 책의 양은 전체의 $1-\dfrac{7}{8}$

$=\dfrac{1}{8}$입니다. 따라서 어제와 오늘 읽고 남은 책

은 모두 $1\cancel{20}^{15}\times\dfrac{1}{\cancel{8}_{1}}=15(쪽)$입니다.

11 분자가 클수록, 분모가 작을수록 큰 수가 되므

로 분자에 수 카드 7, 8, 9를 사용하고 분모에

수 카드 3, 4, 5를 사용해야 합니다. 따라서 계

산 결과가 가장 클 때의 곱은 $\dfrac{7\times\cancel{8}^{2}\times\cancel{9}^{3}}{\cancel{3}_{1}\times\cancel{4}_{1}\times5}$

$=\dfrac{42}{5}=8\dfrac{2}{5}$입니다.

12 오늘 오전 6시부터 내일 오전 6시까지는 24시

간입니다. 24시간 동안 느려지는 시간은 $4\dfrac{3}{8}\times24$

$=\dfrac{35}{\cancel{8}_{1}}\times\cancel{24}^{3}=105(초)$이므로 24시간 동안 105

초$=1$분 45초 느려집니다. 따라서 내일 오전 6

시에 이 시계가 가리키는 시각은 오전 6시-1

분 45초$=$오전 5시 58분 15초입니다.

13 $2\dfrac{5}{6}$와 $11\dfrac{7}{18}$ 사이의 거리는

$11\dfrac{7}{18}-2\dfrac{5}{6}=11\dfrac{7}{18}-2\dfrac{15}{18}=10\dfrac{25}{18}-2\dfrac{15}{18}$

$=8\dfrac{10}{18}=8\dfrac{5}{9}$입니다. $2\dfrac{5}{6}$와 $\square$ 사이의 거리는

$2\dfrac{5}{6}$와 $11\dfrac{7}{18}$ 사이의 거리를 7등분한 것 중의 3

이므로 $8\dfrac{5}{9}\times\dfrac{3}{7}=\dfrac{\cancel{77}^{11}}{\cancel{9}_{3}}\times\dfrac{\cancel{3}^{1}}{\cancel{7}_{1}}=\dfrac{11}{3}=3\dfrac{2}{3}$입니다.

따라서 $\square$ 안에 알맞은 수는 $2\frac{5}{6}+3\frac{2}{3}=2\frac{5}{6}+3\frac{4}{6}=5\frac{9}{6}=6\frac{3}{6}=6\frac{1}{2}$ 입니다.

14 (공이 땅에 한 번 닿았다가 튀어 올랐을 때 높이)$=\overset{4}{\cancel{16}}\times\frac{3}{\underset{1}{\cancel{4}}}=12\,(\mathrm{m})$이고,

(공이 땅에 두 번 닿았다가 튀어 올랐을 때 높이)$=\overset{3}{\cancel{12}}\times\frac{3}{\underset{1}{\cancel{4}}}=9\,(\mathrm{m})$이고,

(공이 땅에 세 번 닿았다가 튀어 올랐을 때 높이)$=9\times\frac{3}{4}=\frac{27}{4}=6\frac{3}{4}\,(\mathrm{m})$입니다.

따라서 공이 첫 번째로 땅에 닿았을 때부터 네 번째로 땅에 닿을 때까지 움직인 거리는 $12\times2+9\times2+6\frac{3}{4}\times2=24+18+13\frac{1}{2}=55\frac{1}{2}\,(\mathrm{m})$입니다.

15 처음 정사각형의 한 변의 길이를 $\square$라 하면 새로운 직사각형의 가로는 $\square\times\left(1-\frac{2}{3}\right)$이고, 세로는 $\square\times\left(1+\frac{11}{16}\right)$이므로 이 직사각형의 넓이는 $\left(\square\times\frac{1}{3}\right)\times\left(\square\times\frac{27}{16}\right)=\square\times\square\times\frac{1}{\underset{1}{\cancel{3}}}\times\frac{\overset{9}{\cancel{27}}}{16}$ $=\square\times\square\times\frac{9}{16}$입니다. 따라서 처음 정사각형의 넓이는 $\square\times\square$이므로 새로 만든 직사각형의 넓이는 처음 정사각형의 넓이의 $\frac{9}{16}$배입니다.

16 회색 공 1개의 무게는 주황색 공 $6\div3=2$(개)의 무게와 같습니다. 검은색 공 5개의 무게는 주황색 공 $2\times2+2=6$(개)의 무게와 같으므로 $7\frac{1}{12}\times6=\frac{85}{\underset{2}{\cancel{12}}}\times\overset{1}{\cancel{6}}=\frac{85}{2}\,(\mathrm{g})$입니다.

따라서 검은색 공 10개의 무게는 $\frac{85}{\underset{1}{\cancel{2}}}\times\overset{1}{\cancel{2}}=85\,(\mathrm{g})$입니다.

17 $\frac{4}{7}\times\square\frac{1}{13}\times3\frac{1}{4}=\frac{\overset{1}{\cancel{4}}}{7}\times\frac{13\times\square+1}{\underset{1}{\cancel{13}}}\times\frac{\overset{1}{\cancel{13}}}{\underset{1}{\cancel{4}}}$ $=\frac{13\times\square+1}{7}$이 자연수이므로 $13\times\square+1$은 7의 배수여야 합니다. 따라서 $\square$ 안에 들어갈 수 있는 자연수 중 가장 작은 수는 1입니다.

18 전체 일의 양을 1이라 하면 (동생이 1시간 동안 하는 일의 양)$=\frac{1}{8}$이고, (형이 1시간 동안 하는 일의 양)$=\frac{1}{6}$입니다. (두 사람이 함께 1시간 동안 하는 일의 양)$=\frac{1}{8}+\frac{1}{6}=\frac{7}{24}$이므로 (두 사람이 함께 2시간 동안 하는 일의 양)$=\frac{7}{\underset{12}{\cancel{24}}}\times\overset{1}{\cancel{2}}=\frac{7}{12}$입니다. 따라서 남은 일의 양은 전체의 $1-\frac{7}{12}=\frac{5}{12}$입니다.

19 분자는 1부터, 분모는 6부터 시작해서 5씩 커지는 규칙이므로 75번째 분수의 분자는 $1+5\times74=371$이고 분모는 $6+5\times74=376$입니다. 따라서 $\frac{1}{\underset{1}{\cancel{6}}}\times\frac{\overset{1}{\cancel{6}}}{\underset{1}{\cancel{11}}}\times\frac{\overset{1}{\cancel{11}}}{\underset{1}{\cancel{16}}}\times\frac{\overset{1}{\cancel{16}}}{\underset{1}{\cancel{21}}}\times\cdots\cdots\times\frac{\overset{1}{\cancel{371}}}{376}$ $=\frac{1}{376}$입니다.

20 $3\frac{5}{7}=\frac{26}{7}$, $10\frac{5}{6}=\frac{65}{6}$이므로 구하려는 가장 작은 분수의 분자는 7과 6의 최소공배수인 42이고, 분모는 26과 65의 최대공약수인 13입니다. 따라서 구하려는 분수는 $\frac{42}{13}=3\frac{3}{13}$입니다.

3 합동과 대칭

1	50cm	2	120	3	35cm	4	93
5	55°	6	50°	7	3cm	8	60cm
9	126cm²	10	24cm²	11	4개	12	70°
13	58°	14	75°	15	64cm	16	6개
17	78°	18	50cm²	19	576cm²	20	120°

01 삼각형 ㄱㄴㄷ과 삼각형 ㅁㄹㄷ이 서로 합동이므로 (변 ㄱㄷ)=(변 ㅁㄷ)=17cm이고, (변 ㄴㄷ)=(변 ㄹㄷ)=8cm입니다.
따라서 (변 ㄱㅁ)=8+8=16(cm)이므로 삼각형 ㄱㄷㅁ의 둘레는 17+17+16=50(cm)입니다.

02 각 ㄱㅅㅇ의 대응각은 각 ㄹㅅㅇ이므로 (각 ㄱㅅㅇ)=110°입니다. 사각형 ㄱㄴㅇㅅ의 네 각의 크기의 합은 360°이므로 (각 ㄴㅇㅅ)=360°−(70°+60°+110°)=120°입니다.

03 (선분 ㄹㅁ)=(선분 ㄴㅅ)=6cm이므로 (변 ㄹㅅ)=6+6=12(cm)입니다. (변 ㄷㄹ)=(선분 ㄱㄴ)=11cm이고, (변 ㄷㅅ)=(변 ㄱㅁ)=12cm이므로 삼각형 ㄹㅅㄷ의 둘레는 12+12+11=35(cm)입니다.

04 선대칭도형인 숫자는 0, 1, 3, 8입니다.
따라서 만들 수 있는 두 자리 수 중 가장 큰 수는 83이고, 가장 작은 수는 10이므로 두 수의 합은 83+10=93입니다.

05 (각 ㄱㄹㄷ)=(각 ㄹㄱㄴ)=100°이므로 삼각형 ㄱㄴㄹ에서 (각 ㄱㄹㄴ)=180°−(100°+35°)=45°입니다.
따라서 (각 ㅁㄹㄷ)=100°−45°=55°입니다.

06 각 ㄱㄴㄷ의 대응각은 각 ㄹㅁㅂ입니다. 삼각형 ㄹㅁㅂ에서 (각 ㄹㅁㅂ)=180°−(40°+90°)=50°입니다.
따라서 (각 ㄱㄴㄷ)=(각 ㄹㅁㅂ)=50°입니다.

07 (변 ㄱㄴ)=(변 ㅁㅂ)=6cm이고, (변 ㄴㄷ)=(변 ㅂㅅ)=11cm이고, (변 ㄷㄹ)=(변 ㅅㅇ)=7cm이고, (변 ㄹㅁ)=(변 ㅇㄱ)입니다. 따라서 (변 ㄹㅁ)+(변 ㅇㄱ)=54−(6+6+11+11+7+7)=6(cm)이므로 (변 ㄹㅁ)=6÷2=3(cm)입니다.

08 직선 ㄱㄴ을 대칭축으로 하는 선대칭도형을 그리면 다음과 같습니다. 따라서 만든 선대칭 도형의 둘레는 (6+6+6+6+6)×2=60(cm)입니다.

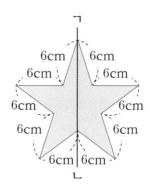

09 삼각형 ㄱㄴㄷ과 삼각형 ㄹㄱㅁ이 서로 합동이므로 (변 ㄱㄷ)=(변 ㄹㅁ)=12cm입니다. (삼각형 ㄱㄴㄷ의 넓이)=9×12÷2=54(cm²)이고, (삼각형 ㄱㄷㄹ의 넓이)=12×12÷2=72(cm²)입니다. 따라서 (사각형 ㄱㄴㄷㄹ의 넓이)=54+72=126(cm²)입니다.

10 (변 ㄱㄴ)=(변 ㄷㅁ)=8cm입니다. (선분 ㄱㅁ)=(선분 ㄱㄹ)=15cm이므로 (변 ㄴㅂ)=(변 ㅁㅂ)=15−9=6(cm)입니다. 따라서 삼각

형 ㄱㄴㅂ의 넓이는 $6 \times 8 \div 2 = 24(cm^2)$입니다.

●●
11 선대칭도형인 알파벳은 **A, C, E, X, H, O, W**
이고 점대칭도형인 알파벳은 **X, H, O, Z**입니
다. 따라서 선대칭도형은 되고 점대칭도형은
안 되는 것은 **A, C, E, W**로 모두 4개입니다.

●●
12 삼각형 ㄱㄴㄷ과 삼각형 ㄱㅁㄷ은 서로 합동
이므로 (각 ㄴㄱㄷ)=(각 ㅁㄱㄷ)=35°이고,
(각 ㅂㄱㄹ)=90°−(35°+35°)=20°입니다.
따라서 삼각형 ㄱㅂㄹ에서 (각 ㄱㅂㄹ)=
180°−(90°+20°)=70°입니다.

●●●
13 선분 ㅇㄷ과 선분 ㅇㄹ은 원의 반지름으로 길
이가 같으므로 삼각형 ㅇㄷㄹ은 이등변삼각형
입니다. (각 ㄱㅇㄴ)=(각 ㄷㅇㄹ)=64°이고,
삼각형 ㅇㄷㄹ에서 (각 ㅇㄷㄹ)=(각 ㅇㄹㄷ)
=(180°−64°)÷2=58°입니다.

●●●
14 삼각형 ㄱㄴㄷ에서 (각 ㄴㄱㄷ)=180°−(55°
+55°)=70°이므로 (각 ㄹㄱㅂ)=70°−20°=
50°입니다. 삼각형 ㄱㄴㄷ과 삼각형 ㄱㄹㅁ은
서로 합동이므로 (각 ㄱㄹㅁ)=(각 ㄱㄴㄷ)=55°
입니다. 따라서 삼각형 ㄱㄹㅂ에서 (각 ㄱㅂ
ㄹ)=180°−(50°+55°)=75°입니다.

●●●
15 ① 대칭축이 변 ㄱㄴ일 때, 선대칭도형의 둘레
는 15+15+8+8=46(cm)입니다.
② 대칭축이 변 ㄱㄷ일 때, 선대칭도형의 둘레
는 17+17+8+8=50(cm)입니다.
③ 대칭축이 변 ㄴㄷ일 때, 선대칭도형의 둘레
는 17+17+15+15=64(cm)입니다.
따라서 대칭축이 변 ㄴㄷ일 때, 선대칭도형
의 둘레가 64cm로 가장 깁니다.

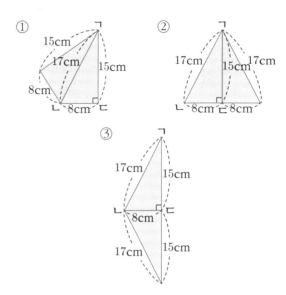

●●●
16 점대칭에 사용할 수 있는 숫자는 **0, 6, 9**이므
로 만들 수 있는 수 중에 점대칭이 되는 네 자
리 수는 **6009, 6699, 6969,
9006, 9696, 9966**으로 모두 6
개입니다.

●●●
17 삼각형 ㄱㄴㄷ은 이등변삼각형이므로 (각 ㄱ
ㄴㄷ)=(각 ㄱㄷㄴ)=(180°−40°)÷2=70°입
니다. 삼각형 ㅁㄴㅂ에서 (각 ㅁㄴㅂ)=
180°−(48°+70°)=62°이고, 삼각형 ㄱㅁㄹ
과 삼각형 ㅂㅁㄹ은 서로 합동이므로 (각 ㅁㅂ
ㄹ)=(각 ㅁㄱㄹ)=40°입니다. 따라서 (각 ㄹ
ㅂㄷ)=180°−(62°+40°)=78°입니다.

●●●●
18 (각 ㄹㅁㅂ)=(각 ㄱㄷㄴ)=45°이고, 삼각형
ㄹㅁㅂ에서 (각 ㅁㄹㅂ)=180°−(90°+45°)
=45°이므로 삼각형 ㄹㅁㅂ은 이등변삼각형
입니다. (변 ㄹㅂ)=(변 ㅁㅂ)=16cm이고, 직
사각형 ㄱㄴㅂㄹ의 넓이가 96cm²이므로 (선분
ㄴㅂ)=96÷16=6(cm)입니다. (각 ㅁㅅㄴ)
=180°−(90°+45°)=45°이므로 삼각형 ㅅ
ㅁㄴ은 이등변삼각형이고, (변 ㅁㄴ)=(변 ㅅ
ㄴ)=16−6=10(cm)입니다. 따라서 삼각형 ㅅ
ㅁㄴ의 넓이는 $10 \times 10 \div 2 = 50(cm^2)$입니다.

19 (선분 ㄴㅁ)=(선분 ㄹㅂ)=10cm이고, (선분 ㅁㅂ)=40−(10+10)=20(cm)이므로 (선분 ㅁㅇ)=(선분 ㅂㅇ)=20÷2=10(cm)입니다.

선분 ㅁㄹ의 길이는 선분 ㄴㄹ의 길이의 $\frac{3}{4}$이고, 삼각형 ㄱㅁㄹ과 삼각형 ㄱㄴㄹ의 높이가 같으므로 삼각형 ㄱㅁㄹ의 넓이는 삼각형 ㄱㄴㄹ의 넓이의 $\frac{3}{4}$입니다. 따라서 삼각형 ㄱㄴㄹ의 넓이는 $32 \times 24 \div 2 = 384(\text{cm}^2)$이고, 삼각형 ㄱㅁㄹ의 넓이는 $384 \times \frac{3}{4} = 288(\text{cm}^2)$이고, 삼각형 ㄷㅂㄴ의 넓이는 삼각형 ㄱㅁㄹ의 넓이와 같으므로 색칠한 부분의 넓이는 $288 \times 2 = 576(\text{cm}^2)$입니다.

20 (변 ㄱㄴ)=(변 ㅅㄴ)이고, (변 ㄹㄷ)=(변 ㅅㄷ)이고, (변 ㅅㄴ)=(변 ㅅㄷ)=(변 ㄴㄷ)이므로 삼각형 ㅅㄴㄷ은 정삼각형입니다. (각 ㅅㄴㄷ)=60°이고, (각 ㄱㄴㅁ)=(각 ㅅㄴㅁ)=(90°−60°)÷2=15°이므로 삼각형 ㄱㄴㅁ과 삼각형 ㅅㄴㅁ에서 (각 ㄱㅁㄴ)=(각 ㅅㅁㄴ)=180°−(90°+15°)=75°입니다.

따라서 (각 ㅅㅁㅂ)=180°−(75°+75°)=30°이고, (각 ㅅㅁㅂ)=(각 ㅅㅂㅁ)이므로 삼각형 ㅅㅂㅁ에서 (각 ㅁㅅㅂ)=180°−(30°+30°)=120°입니다.

---

4 **소수의 곱셈**

1	0.28L	2	15	3	15.5km	4	42.84cm²
5	1.08L	6	45cm²	7	0.77	8	7
9	100배	10	67.34	11	338.2m	12	38.8m
13	28L	14	54.9m²	15	3.4kg	16	5.07m
17	16104원	18	11.48℃	19	6.6km	20	2.3

01 (동생이 마신 우유의 양)=$3 \times 0.76 = 2.28(\text{L})$이고, (형이 마신 우유의 양)=$4 \times 0.64 = 2.56(\text{L})$입니다. 따라서 두 사람이 마신 우유의 양의 차는 $2.56 - 2.28 = 0.28(\text{L})$입니다.

02 $3.5 \times 4.3 = 15.05$이므로 □ 안에 들어갈 수 있는 가장 큰 자연수는 15입니다.

03 2시간 30분=$2\frac{30}{60}$시간=$2\frac{1}{2}$시간=2.5시간이므로 뛰어간 거리는 $6.2 \times 2.5 = 15.5(\text{km})$입니다.

04 (새로운 평행사변형의 밑변)=$6 \times 0.84 = 5.04(\text{cm})$이고, (새로운 평행사변형의 높이)=$5 \times 1.7 = 8.5(\text{cm})$입니다. 따라서 새로운 평행사변형의 넓이는 $5.04 \times 8.5 = 42.84(\text{cm}^2)$입니다.

05 (채영이가 마신 음료수의 양)=$2 \times 0.45 = 0.9(\text{L})$입니다. 따라서 (하은이가 마신 음료수의 양)=$0.9 \times 1.2 = 1.08(\text{L})$입니다.

06 (삼각형의 넓이)=$4.2 \times 6 \div 2 = 12.6(\text{cm}^2)$이고, (사각형의 넓이)=$5.4 \times 6 = 32.4(\text{cm}^2)$입니다. 따라서 두 도형의 넓이의 합은 $12.6 + 32.4 = 45(\text{cm}^2)$입니다.

07 어떤 소수를 □라 하면 □+0.7=1.8, □=1.1
이므로 바르게 계산하면 1.1×0.7=0.77입니다.

08 곱이 가장 작은 곱셈식을 만들려면 소수 한 자
리 수는 0.2이고, 두 자리 수는 35여야 하므로
35×0.2=7입니다

09 21.3은 213의 $\frac{1}{10}$ 배이고, 5.6은 56의 $\frac{1}{10}$ 배이
므로 ㉠은 21.3×5.6=119.28입니다.
2.13은 213의 $\frac{1}{100}$ 배이고, 0.56은 56의 $\frac{1}{100}$ 배
이므로 ㉡은 2.13×0.56=1.1928입니다.
따라서 ㉠은 ㉡의 100배입니다.

10 1<4<7<9이므로 곱이 가장 큰 곱셈식을 만
들려면 두 수의 일의 자리에 각각 가장 큰 수와
두 번째로 큰 수를 넣어야 합니다. 7.1×
9.4＝66.74, 7.4×9.1＝67.34이므로 곱이 가
장 큰 곱셈식의 계산 결과는 67.34입니다.

11 (도로의 한쪽에 심기는 은행나무의 수)＝40÷
2＝20(개)이고, (은행나무 사이의 간격의 수)
＝ 20－1＝19(군데)이므로 (도로의 길이)＝17.8
×19＝338.2(m)입니다.

12 (끈 14개의 길이의 합)＝6.3×14＝88.2(m)이고,
(겹쳐진 부분의 수)＝14－1＝13(군데)이므로 (겹
쳐진 부분의 길이의 합)＝3.8×13＝49.4(m)
입니다. 따라서 이어 붙인 끈의 전체 길이는
88.2－49.4＝38.8(m)입니다.

13 2시간 30분＝$2\frac{30}{60}$ 시간＝$2\frac{1}{2}$ 시간＝2.5시간이
므로 2시간 30분 동안 달린 거리는 65×2.5＝
162.5(km)입니다.
사용한 휘발유의 양은 162.5×0.08＝13(L)이
므로 출발하기 전 버스에 들어 있던 휘발유의
양은 15＋13＝28(L)입니다.

14 (전체 벽의 넓이)＝30.5×5＝152.5(m²)이고,
(빨간색으로 칠한 부분의 넓이)＝152.5×0.6
＝91.5(m²)이므로 (빨간색으로 칠하고 남은 부
분의 넓이)＝152.5－91.5＝61(m²)입니다.
따라서 (파란색으로 칠한 부분의 넓이)＝61×
0.9＝54.9(m²)입니다.

15 처음 상자에 들어 있는 책의 $\frac{1}{6}$ 의 무게는 14.8
－12.9＝1.9(kg)이므로 전체 책의 무게는
1.9×6＝11.4(kg)입니다. 따라서 빈 상자의 무
게는 14.8－11.4＝3.4(kg)입니다.

16 공이 첫 번째로 튀어 오른 높이는 12×0.65＝
7.8(m)이므로 두 번째로 튀어 오른 높이는
7.8×0.65＝5.07(m)입니다.

17 한국 돈을 일본 돈 100엔화로 바꾸려면 한국
돈 903.4＋103.1＝1006.5(원)이 필요합니다.
따라서 일본 돈 1600엔화로 바꾸는 데 필요한
한국 돈은 1006.5×16＝16104(원)입니다.

18 높이가 1km＝1000m 오를 때마다 기온은 7℃
씩 내려가므로 높이가 1m 오를 때마다 기온은
0.007℃씩 내려갑니다. 높이가 1460m인 산 정상
의 기온은 지표면보다 0.007×1460＝10.22(℃)
만큼 낮습니다. 따라서 산 정상의 기온은 21.7
－10.22＝11.48(℃)입니다.

19 1시간 30분$=1\frac{30}{60}$시간$=1\frac{1}{2}$시간

$=1.5$시간입니다.

(서영이가 1시간 30분 동안 걸은 거리)

$=2.8\times1.5=4.2$(km)입니다.

(동생이 1시간 30분 동안 걸은 거리)

$=1.6\times1.5=2.4$(km)입니다.

따라서 원 모양의 도로의 길이는

$4.2+2.4=6.6$(km)입니다.

20 $\square$◉$0.5=$㉡이라 하면

($\square$◉0.5)◉$0.7=$㉡◉$0.7=$㉡$+0.7\times0.7$

$=$㉡$+0.49=3.04$이므로

㉡$=3.04-0.49=2.55$입니다.

따라서 $\square$◉$0.5=\square+0.5\times0.5=$

$\square+0.25=2.55$, $\square=2.3$입니다.

---

5 **직육면체**

1	4개	2	18개	3	30cm	4	21cm
5	2개	6	6	7	5	8	8
9	128cm	10	98cm²	11	24cm	12	선분 ㅈㅊ
13	48cm	14	6	15	5cm	16	132cm
17	선분 ㉠	18	214cm	19	3	20	236cm

01 면 ㄱㄴㄷㄹ과 수직인 면은 면 ㄴㅂㅁㄱ, 면 ㄴㅂㅅㄷ, 면 ㄷㅅㅇㄹ, 면 ㄱㅁㅇㄹ로 모두 4개입니다.

02 정육면체의 면의 수는 6개이고, 모서리의 수는 12개입니다. 따라서 정육면체의 면과 모서리의 수의 합은 6+12=18(개)입니다.

03 면 ㄴㅂㅅㄷ과 평행한 면은 면 ㄱㅁㅇㄹ이고, 면 ㄱㅁㅇㄹ의 모서리의 길이의 합은 (5+10)$\times2=30$(cm)입니다.

04 정육면체에서 보이지 않는 모서리는 모두 3개입니다. 따라서 보이지 않는 모서리의 길이의 합은 $7\times3=21$(cm)입니다.

05 두 면에 동시에 수직인 면은 면 ㄱㄴㄷㄹ, 면 ㅁㅂㅅㅇ으로 모두 2개입니다.

06 (정육면체의 모든 모서리의 길이의 합)$=6\times12=72$(cm)입니다. (직육면체의 모든 모서리의 길이의 합)$=(8+\square+4)\times4=72$, $8+\square+4=18$, $\square+12=18$, $\square=6$입니다.

07 직육면체의 겨냥도를 그리면 다음과 같습니다. 따라서 위에서 본 모양은 가로가 3cm, 세로가 5cm이므로 $\square=5$입니다.

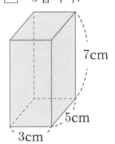

08 $(24+13+\square)\times4=180$, $24+13+\square=45$, $37+\square=45$, $\square=8$입니다.

09 사용한 끈은 7cm 부분이 12개, 11cm 부분이 4개입니다. 따라서 사용한 끈의 길이는 모두 $7\times12+11\times4=84+44=128$(cm)입니다.

10 색칠한 부분의 가로는 7cm이고, 세로는 $7 \times 2 = 14$(cm)입니다. 따라서 색칠한 부분의 넓이는 $7 \times 14 = 98$(cm²)입니다.

11 정육면체에서 보이는 모서리는 9개이므로 한 모서리의 길이는 $18 \div 9 = 2$(cm)입니다.
따라서 정육면체의 모든 모서리의 길이의 합은 $2 \times 12 = 24$(cm)입니다.

12 전개도를 접었을 때 점 ㅍ과 만나는 점은 점 ㅈ이고, 점 ㅌ과 만나는 점은 점 ㅊ입니다.
따라서 선분 ㅍㅌ과 맞닿는 선분은 선분 ㅈㅊ입니다.

13 면 ㄷㅅㅇㄹ과 수직인 모서리는 선분 ㄱㄹ, 선분 ㄴㄷ, 선분 ㅂㅅ, 선분 ㅁㅇ으로 모두 4개입니다. 따라서 면 ㄷㅅㅇㄹ과 수직인 모서리의 길이의 합은 $12 \times 4 = 48$(cm)입니다.

14 4가 적혀 있는 면과 만나는 면에 적혀 있는 숫자는 1, 2, 3, 5입니다. 따라서 4가 적혀 있는 면과 마주 보는 면에 적혀 있는 숫자는 6입니다.

15 전개도를 접으면 다음과 같은 직육면체가 됩니다. 따라서 점 ㄱ과 점 ㄴ 사이의 거리는 5cm입니다.

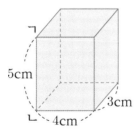

16 직육면체에서 길이를 모르는 한 모서리의 길이를 □cm라 하면 $(9 + □ + 12) \times 4 = 116$, $9 + □ + 12 = 29$, $21 + □ = 29$, $□ = 8$입니다. 따라서 전개도의 둘레는 9cm 선분이 4개, 8cm 선분이 6개, 12cm 선분이 4개이므로 $9 \times 4 + 8 \times 6 + 12 \times 4 = 36 + 48 + 48 = 132$(cm)입니다.

17 선분 ㉠과 선분 ㉡이 그려진 정육면체의 면을 펼쳐 보면 선분 ㉡은 점 ㅂ과 점 ㄹ을 잇는 가장 짧은 선분이므로 길이가 더 긴 선분은 선분 ㉠입니다.

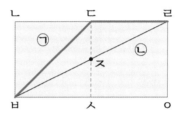

18 다음과 같이 21cm 선분이 2개, 17cm 선분이 4개, 13cm 선분이 8개가 되도록 그린 전개도의 둘레가 가장 짧습니다. 따라서 둘레가 가장 짧게 되도록 그린 전개도의 둘레는 $21 \times 2 + 17 \times 4 + 13 \times 8 = 42 + 68 + 104 = 214$(cm)입니다.

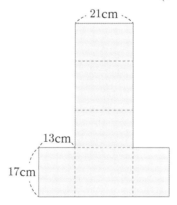

●●●●
19 가장 오른쪽에 있는 주사위의 2가 적힌 면과 마주 보는 면의 눈의 수는 7−2=5이고, 이 면과 맞닿은 가운데 주사위 면의 눈의 수는 8−5=3입니다. 이 면과 마주 보는 가운데 주사위 면의 눈의 수는 7−3=4이고, 이 면과 맞닿은 가장 왼쪽의 주사위 면의 눈의 수는 8−4=4입니다. 따라서 이 면과 마주 보는 색칠한 면의 눈의 수는 7−4=3입니다.

●●●●
20

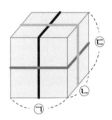

직육면체의 세 모서리의 길이를 각각 ㉠cm, ㉡cm, ㉢cm라 하면 주황색 끈의 길이는 2×㉠+2×㉡=88(cm)이고, 회색 끈의 길이는 2×㉠+2×㉢=70(cm)이고, 검은색 끈의 길이는 2×㉡+2×㉢=78(cm)입니다.
따라서 3가지 끈의 길이를 모두 더하면 4×㉠+4×㉡+4×㉢=88+70+78=236(cm)이므로 이 상자의 모든 모서리의 길이의 합은 236cm입니다.

6 평균과 가능성

1	1120분	2	오후 6시 40분	3	$\frac{1}{2}$	4	75점
5	4km	6	목요일	7	52kg	8	76개
9	$\frac{1}{2}$	10	92점	11	7400명	12	88점
13	75점	14	90점	15	혜원	16	18점
17	80점	18	9개	19	60000원	20	8개

●
01 2시간 40분=160분이므로 1주일 동안 휴대전화를 사용한 시간은 160×7=1120(분)입니다.

●
02 공부를 1일째에 60분, 2일째에 40분을 했으므로 공부 시간의 평균이 50분이 되기 위해서는 3일째에 50분을 해야 합니다. 따라서 3일째에 공부를 끝낸 시각은 오후 5시 50분+50분=오후 6시 40분입니다.

●
03 주사위의 눈의 수가 3 이하로 나오는 경우는 1, 2, 3이므로 수로 표현하면 $\frac{1}{2}$입니다.

●
04 (서정이의 1단원부터 3단원까지 단원 평가 점수의 평균)=(82+90+68)÷3=240÷3=80(점)입니다. 주하의 1단원부터 3단원까지 단원 평가 점수의 합은 80×3=240(점)이어야 하므로 (주하의 2단원 단원 평가 점수)=240−(90+75)=75(점)입니다.

●
05 (전체 간 거리)=6+10=16(km)이고, (전체 걸린 시간)=1시간 30분+2시간 30분=4시간입니다. 따라서 자전거를 타고 1시간 동안 간 거리의 평균은 16÷4=4(km)입니다.

06 (5일 동안 공부 시간의 합)$=52\times5=260$(분)이므로 (수요일의 공부 시간)$=260-(51+49+57+53)=50$(분)입니다. 따라서 공부를 가장 많이 한 요일은 목요일입니다.

07 (남학생 12명의 몸무게의 합)$=54\times12$
$=648$(kg)이고,
(여학생 8명의 몸무게의 합)$=49\times8$
$=392$(kg)입니다.
따라서 (전체 학생의 몸무게의 평균)
$=(648+392)\div(12+8)=1040\div20=52$(kg)
입니다.

08 (1일부터 4일까지의 평균)$=(60+72+58+54)$
$\div4=61$(개)입니다. 전체 평균이 64개가 되려면 1일부터 5일까지 줄넘기 개수의 합이 $64\times5=320$(개)여야 합니다. 따라서 지희는 5일째에 줄넘기를 $320-(60+72+58+54)=$
76(개)를 해야 합니다.

09 서로 다른 동전 2개를 동시에 던져서 나올 수 있는 경우는 (숫자 면, 숫자 면), (숫자 면, 그림 면), (그림 면, 숫자 면), (그림 면, 그림 면)으로 모두 4가지입니다. 따라서 두 동전의 서로 같은 면이 나오는 경우는 4가지 중 2가지이므로 수로 표현하면 $\frac{2}{4}=\frac{1}{2}$입니다.

10 (남학생 수)$=33-15=18$(명)입니다. (반 전체 학생의 영어 시험 점수의 합)$=86\times33=2838$(점)이고, (남학생의 영어 시험 점수의 합)$=$
$81\times18=1458$(점)입니다. 따라서 (여학생의 영어 시험 점수의 합)$=2838-1458=1380$(점)이고, (여학생의 영어 시험 점수의 평균)$=$
$1380\div15=92$(점)입니다.

11 2019년부터 2021년까지의 관람객 수의 평균은 $(8100+7300+5600)\div3=21000\div3=7000$(명)입니다. 2019년부터 2022년까지의 관람객 수의 합은 $7100\times4=28400$(명)이므로 2022년의 관람객 수는 $28400-21000=7400$(명)입니다.

12 우석이의 점수는 $88-1=87$(점)이고, 혜린이의 점수는 $88+2=90$(점)입니다. 따라서 네 사람의 국어 시험 점수의 평균은 $(88+87+90+87)\div$
$4=352\div4=88$(점)입니다.

13 반 전체 학생의 수학 시험 점수의 합은 80×25
$=2000$(점)입니다. 100점을 받은 5명의 수학 시험 점수의 합은 $100\times5=500$(점)이므로 나머지 20명의 수학 시험 점수의 합은 $2000-500$
$=1500$(점)입니다. 따라서 나머지 20명의 수학 시험 점수의 평균은 $1500\div20=75$(점)입니다.

14 형식이의 1단원부터 5단원까지 단원 평가 점수의 합은 $85\times5=425$(점)입니다. 4단원 점수를 $\square$점이라 하면 2단원 점수는 $(\square+4)$점이므로 $82+(\square+4)+75+\square+92=425$, $(\square+4)+$
$\square+249=425$, $\square+4+\square=176$, $\square+\square$
$=172$, $\square=86$입니다. 따라서 2단원의 단원 평가 점수는 $86+4=90$(점)입니다.

15 (연극 동아리 회원들의 나이의 평균)$=(13+$
$17+18+12+21+15)\div6=96\div6=16$(살)입니다. 회원 1명이 나가서 전체 회원들의 평균 나이가 15살이 되었으므로 남아 있는 회원 5명의 나이의 합은 $15\times5=75$(살)입니다.
따라서 나간 회원의 나이는 $96-75=21$(살)이므로 나간 회원은 혜원입니다.

●●●

16 (심사위원 10명에게 받은 점수의 합)$=19\times10$ $=190$(점)이고, 가장 높은 점수와 가장 낮은 점수를 뺀 점수의 합은 $17\times8=136$(점)이므로 가장 높은 점수와 가장 낮은 점수의 합은 $190-136=54$(점)입니다. 따라서 가장 낮은 점수를 □점이라 하면 $□+□\times2=54$, $□\times3=54$, $□=18$입니다.

●●●

17 국어 점수를 ㉠, 수학 점수를 ㉡, 영어 점수를 ㉢이라 하면

$(㉠+㉡)\div2=83$(점)이므로

$(㉠+㉡)=83\times2=166$(점)입니다.

$(㉡+㉢)\div2=71$(점)이므로

$(㉡+㉢)=71\times2=142$(점)입니다.

$(㉢+㉠)\div2=86$(점)이므로

$(㉢+㉠)=86\times2=172$(점)입니다.

$(㉠+㉡)+(㉡+㉢)+(㉢+㉠)=166+142$ $+172=480$, $(㉠+㉡+㉢)\times2=480$,

$(㉠+㉡+㉢)=240$(점)입니다.

따라서 국어, 수학, 영어 점수의 평균은

$(㉠+㉡+㉢)\div3=240\div3=80$(점)입니다.

●●●●

18 한 과목의 점수를 79점에서 97점으로 잘못 보고 계산하면 전체 과목의 점수의 합은 $97-79$ $=18$(점)만큼 커집니다. 전체 과목의 수를 □개라 하면 $87\times□=85\times□+18$, $2\times□=18$, $□=9$입니다. 따라서 정윤이가 시험을 본 과목은 모두 9개입니다.

●●●●

19 지연이네 반 학생 20명 중에서 참석한 12명이 $2000\times12=24000$(원)을 더 내야 합니다. 24000원은 참석하지 않은 8명이 내야 하는 돈의 합과 같으므로 원래대로 20명이 참석했다면 한 사람이 내야 하는 돈은 $24000\div8=3000$(원)입니다. 따라서 체육관을 1시간 빌리는 데 필요한 돈은 $3000\times20=60000$(원)입니다.

●●●●

20 처음 15개의 공이 들어 있던 주머니에서 3개의 공을 꺼냈으므로 주머니에는 12개의 공이 들어 있습니다. 지금 주머니에서 공 1개를 꺼낼 때 파란색 공과 빨간색 공이 나올 가능성이 같아지려면 주머니에는 파란색 공 6개와 빨간색 공 6개가 들어 있어야 합니다.

따라서 처음 주머니에 들어 있던 파란색 공은 $6+2=8$(개)입니다.

2학기말 평가

1	16상자	2	52cm	3	216.09km	4	85점
5	72cm	6	4	7	21살	8	100°
9	$16\frac{2}{49}$	10	1분	11	$40\frac{7}{10}$	12	$\frac{19}{30}$
13	5	14	64cm²	15	오전 6시 2분 44초	16	46cm
17	88점	18	세 번째	19	49개	20	8개

●

01 1569를 올림하여 백의 자리까지 나타내면 1600이므로 상자는 최소 16상자 필요합니다.

●

02 (변 ㄱㄴ)$=$(변 ㅁㄷ)$=14$cm이고, (변 ㄷㄹ)$=$(변 ㄴㅁ)$=2$cm입니다.

따라서 사각형 ㄱㄴㄷㄹ의 둘레는 $14+2+14+$ $2+20=52$(cm)입니다.

●

03 3시간 30분$=3\frac{30}{60}$시간$=3\frac{1}{2}$시간$=3.5$시간입니다. 따라서 이 버스가 3시간 30분 동안 달린 거리는 $61.74\times3.5=216.09$(km)입니다.

●

04 (네 과목 점수의 합)$=85\times4=340$(점)이므로 사회 과목의 점수는 $340-(87+93+75)=85$(점)입니다.

05 $(6+5+7) \times 4 = 18 \times 4 = 72(\text{cm})$입니다.

06 $1\frac{2}{7} \times 3\frac{1}{6} = \frac{\cancel{9}^3}{7} \times \frac{19}{\cancel{6}_2} = \frac{57}{14} = 4\frac{1}{14}$ 입니다.

따라서 $4\frac{1}{14} > \square$ 이므로 $\square$ 안에 들어갈 수 있는 자연수는 1, 2, 3, 4로 가장 큰 수는 4입니다.

07 기존 회원 4명의 나이의 평균은 $(17+12+16+19) \div 4 = 64 \div 4 = 16(\text{살})$입니다. 새로운 회원 1명이 들어와서 회원 5명의 평균 나이가 17살이 되었으므로 회원 5명의 나이의 합은 $17 \times 5 = 85(\text{살})$입니다. 따라서 새로운 회원의 나이는 $85 - 64 = 21(\text{살})$입니다.

08 (각 ㄴㄱㄷ)=(각 ㅁㄹㄷ)=60°이므로 (각 ㄱㄷㄴ)=(각 ㄹㄷㅁ)=180°-(80°+60°)=40° 입니다. 따라서 (각 ㄱㄷㅁ)=180°-(40°+40°)=100°입니다.

09 어떤 수를 $\square$ 라 하면 $\square - 3\frac{3}{7} = 1\frac{1}{4}$,
$\square = 1\frac{1}{4} + 3\frac{3}{7} = 4\frac{19}{28}$ 입니다.
따라서 바르게 계산하면 $4\frac{19}{28} \times 3\frac{3}{7} = \frac{131}{\cancel{28}_7} \times \frac{\cancel{24}^6}{7} = \frac{786}{49} = 16\frac{2}{49}$ 입니다.

10 $20 \times 4 + 8 \times 5 = 80 + 40 = 120(\text{문제})$를 2시간= 120분 동안 풀었으므로 1문제를 푸는 데 걸린 시간은 평균 $120 \div 120 = 1(\text{분})$입니다

11 만들 수 있는 가장 큰 대분수는 $8\frac{4}{5}$ 이고, 만들 수 있는 가장 작은 대분수는 $4\frac{5}{8}$ 입니다. 따라서 $8\frac{4}{5} \times 4\frac{5}{8} = \frac{\cancel{44}^{11}}{5} \times \frac{37}{\cancel{8}_2} = \frac{407}{10} = 40\frac{7}{10}$ 입니다.

12 처음 정사각형의 한 변의 길이를 $\square$ 라 하면 새로 만든 직사각형의 가로는 $\square \times \left(1 + \frac{7}{12}\right) = \square \times \frac{19}{12}$ 이고, 세로는 $\square \times \left(1 - \frac{3}{5}\right) = \square \times \frac{2}{5}$ 이므로 넓이는 $\left(\square \times \frac{19}{12}\right) \times \left(\square \times \frac{2}{5}\right) = \square \times \square \times \frac{19}{\cancel{12}_6} \times \frac{\cancel{2}^1}{5} = \square \times \square \times \frac{19}{30}$ 입니다.

따라서 새로 만든 직사각형의 넓이는 처음 정사각형의 넓이의 $\frac{19}{30}$ 입니다.

13 1이 적혀 있는 면과 만나는 면에 적혀 있는 숫자는 2, 3, 4, 6입니다. 따라서 숫자 1이 적혀 있는 면과 마주 보는 면에 적혀 있는 숫자는 5입니다.

14 (변 ㄹㅂ)=(변 ㅁㅂ)=6cm이므로
(선분 ㄱㄹ)=10+6=16(cm)입니다.
(변 ㄷㄹ)=(변 ㄱㅁ)=8(cm)이므로 삼각형 ㄱㄷㄹ의 넓이는 $16 \times 8 \div 2 = 64(\text{cm}^2)$입니다.

15 2일=24×2=48(시간)이므로 (2일 동안 빨라진 시간)=$3\frac{5}{12} \times 48 = \frac{41}{\cancel{12}_1} \times \cancel{48}^4 = 164(\text{초})$
=2분 44초입니다.
따라서 2일 뒤 오전 6시에 이 시계가 가리키는 시각은 오전 6시 2분 44초입니다.

16 (변 ㅅㅇ)=(변 ㄷㄹ)=6cm이고, (변 ㅅㅈ)=(변 ㄷㅈ)=2cm이고, (변 ㄴㄷ)=(변 ㅂㅅ)=7-2=5(cm)입니다. 따라서 이 점대칭도형의 둘레는 $(6+7+5+5) \times 2 = 46(\text{cm})$입니다.

17 (실제 전체 과목 점수의 합)=87×10=870 (점)이고, (잘못 계산한 전체 과목 점수의 합) =86×10=860(점)입니다. 실제 전체 과목 점수의 합은 잘못 계산한 전체 과목 점수의 합보

다 870-860=10(점)만큼 높으므로 국어 과목의 실제 점수는 78+10=88(점)입니다.

●●●●

18 1.92m=192cm이므로 (첫 번째로 튀어 오른 높이)=$192 \times \frac{3}{4}=144$(cm)이고, (두 번째로 튀어오른 높이)=$144 \times \frac{3}{4}=108$(cm)이고, (세 번째로 튀어 오른 높이)=$108 \times \frac{3}{4}=81$(cm)입니다.

따라서 튀어 오른 높이가 처음으로 90cm 이하가 되는 것은 공이 세 번째로 튀어 오를 때입니다.

●●●●

19 첫 번째 조건을 만족하는 수는 3500 초과 3600 이하인 수입니다.

두 번째 조건을 만족하는 수는 3500 이상 3600 미만인 수입니다.

세 번째 조건을 만족하는 수는 3450 이상 3550 미만인 수입니다.

따라서 조건을 모두 만족하는 수는 3500 초과 3550 미만인 수이므로 이 범위에 속하는 자연수는 49개입니다.

●●●●

20 점대칭에 사용할 수 있는 숫자는 **1, 6, 8, 9** 이므로 점대칭이 되는 세 자리 수를 만들면 **1 1 1, 1 8 1, 6 1 9, 6 8 9, 8 1 8, 8 8 8, 9 1 6, 9 8 6**으로 모두 8개입니다.